U0185471

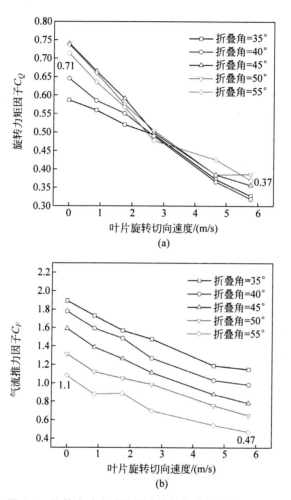

图 3.8 旋转启动实验外围叶片段气动参数变化曲线

（a）旋转力矩因子 C_Q 曲线；（b）气流推力因子 C_F 曲线

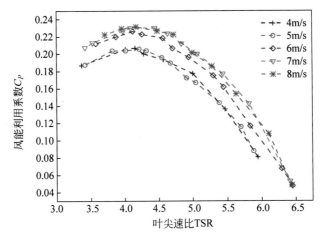

图 3.17 零折叠角风轮的风能利用系数曲线

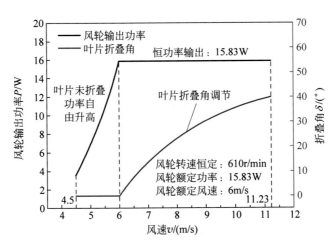

图 3.23 折叠变桨风轮功率调节曲线与折叠角调节曲线

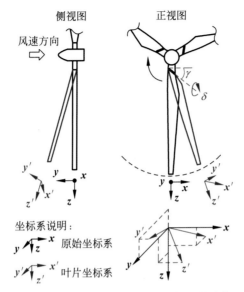

图 4.1 折叠变桨风轮叶片坐标系与原始坐标系

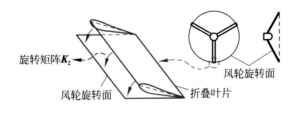

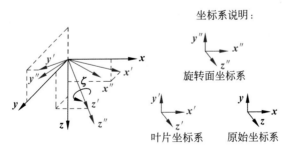

图 4.2 折叠变桨风轮旋转面坐标系与叶片坐标系

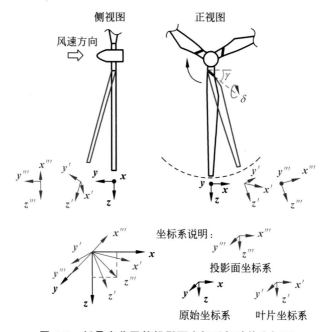

图 4.3　折叠变桨风轮投影面坐标系与叶片坐标系

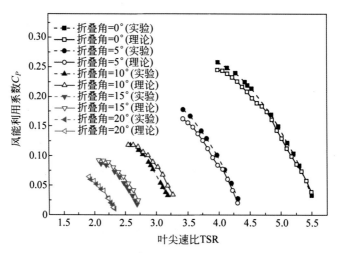

图 4.12　5m/s 风速折叠变桨风轮的 C_P 计算值与实验结果对比图

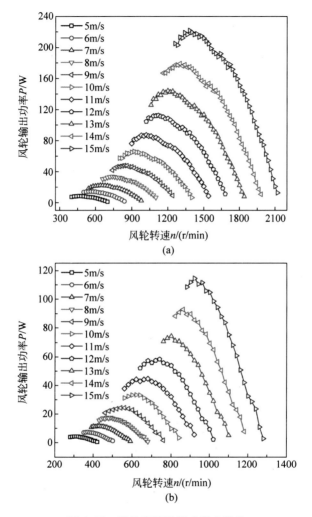

图 4.17　折叠变桨风轮功率曲线族

（a）折叠角＝0°；（b）折叠角＝10°；（c）折叠角＝20°；（d）折叠角＝30°

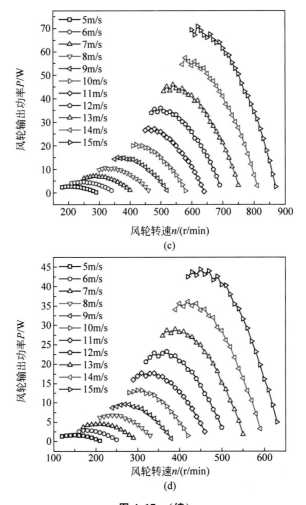

图 4.17 （续）

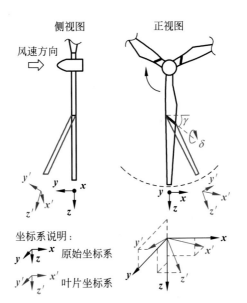

侧视图   正视图

风速方向

坐标系说明：

x
y z 原始坐标系

y' z' x' 叶片坐标系

图 5.1　折叠变桨风轮叶片坐标系与原始坐标系

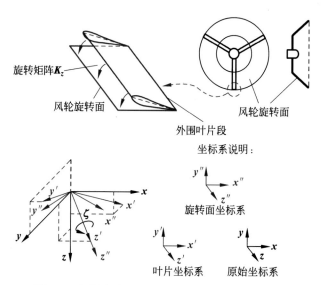

图 5.2　折叠变桨风轮旋转面坐标系与叶片坐标系

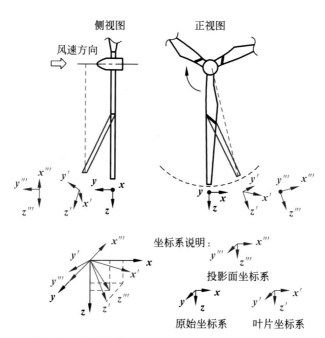

图 5.3 折叠变桨风轮投影面坐标系与叶片坐标系

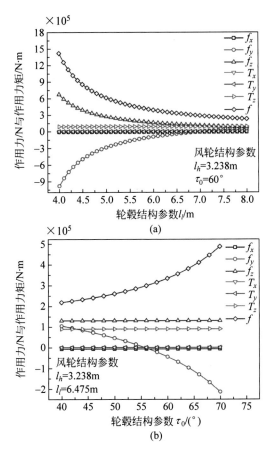

图 5.11 1MW 风轮轮毂载荷随结构参数的变化曲线

（a）轮毂载荷随 l_l 变化曲线；（b）轮毂载荷随 τ_0 变化曲线

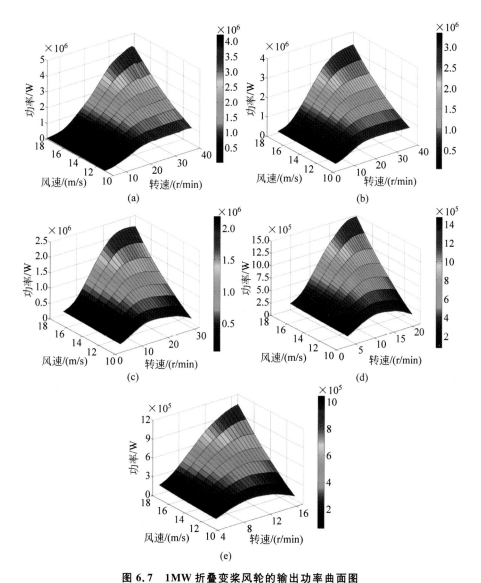

图 6.7　1MW 折叠变桨风轮的输出功率曲面图

（a）折叠角＝0°；（b）折叠角＝5°；（c）折叠角＝10°；（d）折叠角＝15°；（e）折叠角＝20°

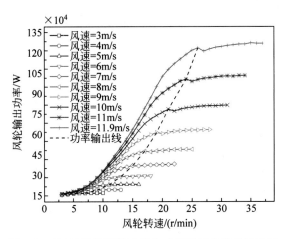

图 6.9　1MW 折叠变桨风轮欠功率风速段的功率曲线

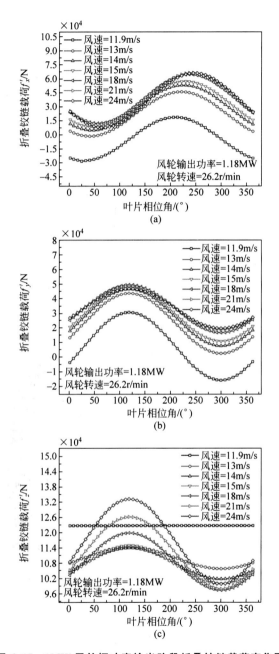

图 6.15 1MW 风轮恒功率输出阶段折叠铰链载荷变化图

(a) 作用力 f'_x；(b) 作用力 f'_y；(c) 作用力 f'_z；(d) 作用力矩 T'_x；

(e) 作用力矩 T'_y；(f) 作用力矩 T'_z

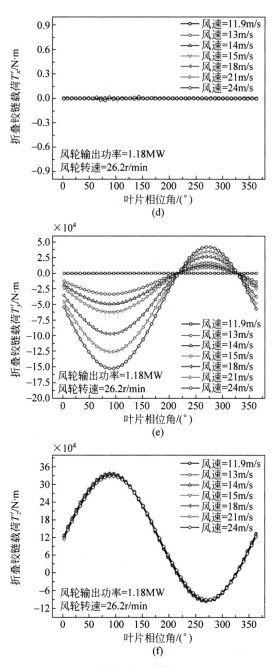

图 6.15 （续）

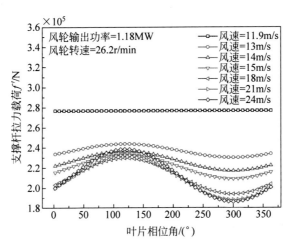

图 6.16　1MW 风轮恒功率输出阶段支撑杆拉力变化图

清华大学优秀博士学位论文丛书

水平轴风机的新型变桨原理与气动性能

谢炜 著 Xie Wei

Innovative Pitching Mechanism and
Aerodynamic Property of Horizontal Axis Wind Turbine

清华大学出版社
北京

内 容 简 介

本书介绍了水平轴风机的变桨原理和最新的发展趋势,总结了作者在新型变桨结构和理论方面的研究成果,主要内容包括:①水平轴风机的变桨原理、国内外变桨技术的研究进展和风机气动载荷理论。②新型折叠变桨风机的概念,折叠变桨原理和新型变桨风机的风洞实验结果。③折叠变桨风机的气动载荷理论和气动性能。④折叠变桨轮毂的结构、力学原理和参数设计等。

本书可供从事风电装备变桨技术研究的科研工作者参考,也适用于具有一定风电理论基础的读者。

图书在版编目(CIP)数据

水平轴风机的新型变桨原理与气动性能/谢炜著. —北京:清华大学出版社,2020.2
(清华大学优秀博士学位论文丛书)
ISBN 978-7-302-54214-8

Ⅰ. ①水… Ⅱ. ①谢… Ⅲ. ①轴流通风机-研究 Ⅳ. ①TH432.1

中国版本图书馆 CIP 数据核字(2019)第 257987 号

责任编辑:黎 强 戚 亚
封面设计:傅瑞学
责任校对:刘玉霞
责任印制:丛怀宇

出版发行:清华大学出版社
　　　　　网　　　址:http://www.tup.com.cn, http://www.wqbook.com
　　　　　地　　　址:北京清华大学学研大厦 A 座　　邮　　编:100084
　　　　　社 总 机:010-62770175　　　　　邮　　购:010-62786544
　　　　　投稿与读者服务:010-62776969, c-service@tup.tsinghua.edu.cn
　　　　　质量反馈:010-62772015, zhiliang@tup.tsinghua.edu.cn
印　刷　者:三河市铭诚印务有限公司
装　订　者:三河市启晨纸制品加工有限公司
经　　　销:全国新华书店
开　　　本:155mm×235mm　　印　张:11.5　　插　页:8　　字　　数:207 千字
版　　　次:2020 年 2 月第 1 版　　　　　印　　次:2020 年 2 月第 1 次印刷
定　　　价:89.00 元

产品编号:080946-01

一流博士生教育
体现一流大学人才培养的高度（代丛书序）[①]

人才培养是大学的根本任务。只有培养出一流人才的高校,才能够成为世界一流大学。本科教育是培养一流人才最重要的基础,是一流大学的底色,体现了学校的传统和特色。博士生教育是学历教育的最高层次,体现出一所大学人才培养的高度,代表着一个国家的人才培养水平。清华大学正在全面推进综合改革,深化教育教学改革,探索建立完善的博士生选拔培养机制,不断提升博士生培养质量。

学术精神的培养是博士生教育的根本

学术精神是大学精神的重要组成部分,是学者与学术群体在学术活动中坚守的价值准则。大学对学术精神的追求,反映了一所大学对学术的重视、对真理的热爱和对功利性目标的摒弃。博士生教育要培养有志于追求学术的人,其根本在于学术精神的培养。

无论古今中外,博士这一称号都是和学问、学术紧密联系在一起,和知识探索密切相关。我国的博士一词起源于2000多年前的战国时期,是一种学官名。博士任职者负责保管文献档案、编撰著述,须知识渊博并负有传授学问的职责。东汉学者应劭在《汉官仪》中写道:"博者,通博古今;士者,辩于然否。"后来,人们逐渐把精通某种职业的专门人才称为博士。博士作为一种学位,最早产生于12世纪,最初它是加入教师行会的一种资格证书。19世纪初,德国柏林大学成立,其哲学院取代了以往神学院在大学中的地位,在大学发展的历史上首次产生了由哲学院授予的哲学博士学位,并赋予了哲学博士深层次的教育内涵,即推崇学术自由、创造新知识。哲学博士的设立标志着现代博士生教育的开端,博士则被定义为独立从事学术研究、具备创造新知识能力的人,是学术精神的传承者和光大者。

---

① 本文首发于《光明日报》,2017年12月5日。

博士生学习期间是培养学术精神最重要的阶段。博士生需要接受严谨的学术训练,开展深入的学术研究,并通过发表学术论文、参与学术活动及博士论文答辩等环节,证明自身的学术能力。更重要的是,博士生要培养学术志趣,把对学术的热爱融入生命之中,把捍卫真理作为毕生的追求。博士生更要学会如何面对干扰和诱惑,远离功利,保持安静、从容的心态。学术精神特别是其中所蕴含的科学理性精神、学术奉献精神不仅对博士生未来的学术事业至关重要,对博士生一生的发展都大有裨益。

独创性和批判性思维是博士生最重要的素质

博士生需要具备很多素质,包括逻辑推理、言语表达、沟通协作等,但是最重要的素质是独创性和批判性思维。

学术重视传承,但更看重突破和创新。博士生作为学术事业的后备力量,要立志于追求独创性。独创意味着独立和创造,没有独立精神,往往很难产生创造性的成果。1929年6月3日,在清华大学国学院导师王国维逝世二周年之际,国学院师生为纪念这位杰出的学者,募款修造“海宁王静安先生纪念碑”,同为国学院导师的陈寅恪先生撰写了碑铭,其中写道:“先生之著述,或有时而不章;先生之学说,或有时而可商;惟此独立之精神,自由之思想,历千万祀,与天壤而同久,共三光而永光。”这是对于一位学者的极高评价。中国著名的史学家、文学家司马迁所讲的“究天人之际,通古今之变,成一家之言”也是强调要在古今贯通中形成自己独立的见解,并努力达到新的高度。博士生应该以“独立之精神、自由之思想”来要求自己,不断创造新的学术成果。

诺贝尔物理学奖获得者杨振宁先生曾在20世纪80年代初对到访纽约州立大学石溪分校的90多名中国学生、学者提出:“独创性是科学工作者最重要的素质。”杨先生主张做研究的人一定要有独创的精神、独到的见解和独立研究的能力。在科技如此发达的今天,学术上的独创性变得越来越难,也愈加珍贵和重要。博士生要树立敢为天下先的志向,在独创性上下功夫,勇于挑战最前沿的科学问题。

批判性思维是一种遵循逻辑规则、不断质疑和反省的思维方式,具有批判性思维的人勇于挑战自己、敢于挑战权威。批判性思维的缺乏往往被认为是中国学生特有的弱项,也是我们在博士生培养方面存在的一个普遍问题。2001年,美国卡内基基金会开展了一项“卡内基博士生教育创新计划”,针对博士生教育进行调研,并发布了研究报告。该报告指出:在美国和欧洲,培养学生保持批判而质疑的眼光看待自己、同行和导师的观点同样非常不容易,批判性思维的培养必须要成为博士生培养项目的组成部分。

对于博士生而言,批判性思维的养成要从如何面对权威开始。为了鼓励学生质疑学术权威、挑战现有学术范式,培养学生的挑战精神和创新能力,清华大学在 2013 年发起"巅峰对话",由学生自主邀请各学科领域具有国际影响力的学术大师与清华学生同台对话。该活动迄今已经举办了 21 期,先后邀请 17 位诺贝尔奖、3 位图灵奖、1 位菲尔兹奖获得者参与对话。诺贝尔化学奖得主巴里·夏普莱斯(Barry Sharpless)在 2013 年 11 月来清华参加"巅峰对话"时,对于清华学生的质疑精神印象深刻。他在接受媒体采访时谈道:"清华的学生无所畏惧,请原谅我的措辞,但他们真的很有胆量。"这是我听到的对清华学生的最高评价,博士生就应该具备这样的勇气和能力。培养批判性思维更难的一层是要有勇气不断否定自己,有一种不断超越自己的精神。爱因斯坦说:"在真理的认识方面,任何以权威自居的人,必将在上帝的嬉笑中垮台。"这句名言应该成为每一位从事学术研究的博士生的箴言。

提高博士生培养质量有赖于构建全方位的博士生教育体系

一流的博士生教育要有一流的教育理念,需要构建全方位的教育体系,把教育理念落实到博士生培养的各个环节中。

在博士生选拔方面,不能简单按考分录取,而是要侧重评价学术志趣和创新潜力。知识结构固然重要,但学术志趣和创新潜力更关键,考分不能完全反映学生的学术潜质。清华大学在经过多年试点探索的基础上,于 2016 年开始全面实行博士生招生"申请-审核"制,从原来的按照考试分数招收博士生转变为按科研创新能力、专业学术潜质招收,并给予院系、学科、导师更大的自主权。《清华大学"申请-审核"制实施办法》明晰了导师和院系在考核、遴选和推荐上的权力和职责,同时确定了规范的流程及监管要求。

在博士生指导教师资格确认方面,不能论资排辈,要更看重教师的学术活力及研究工作的前沿性。博士生教育质量的提升关键在于教师,要让更多、更优秀的教师参与到博士生教育中来。清华大学从 2009 年开始探索将博士生导师评定权下放到各学位评定分委员会,允许评聘一部分优秀副教授担任博士生导师。近年来学校在推进教师人事制度改革过程中,明确教研系列助理教授可以独立指导博士生,让富有创造活力的青年教师指导优秀的青年学生,师生相互促进、共同成长。

在促进博士生交流方面,要努力突破学科领域的界限,注重搭建跨学科的平台。跨学科交流是激发博士生学术创造力的重要途径,博士生要努力提升在交叉学科领域开展科研工作的能力。清华大学于 2014 年创办了"微沙龙"平台,同学们可以通过微信平台随时发布学术话题、寻觅学术伙伴。3 年来,博士生参与和发起"微沙龙"12 000 多场,参与博士生达 38 000 多人次。"微沙龙"促进了不同学科学生之间的思想碰撞,激发了同学们的学术志趣。清华于 2002 年创办了博士生论坛,论坛由同学自己组织,师生共同参与。博士生论坛持续举办了 500 期,开展了 18 000 多场学术报告,切实起到了师生互动、教学相长、学科交融、促进交流的作用。学校积极资助博士生到世界一流大学开展交流与合作研究,超过 60% 的博士生有海外访学经历。清华于 2011 年设立了发展中国家博士生项目,鼓励学生到发展中国家亲身体验和调研,在全球化背景下研究发展中国家的各类问题。

在博士学位评定方面,权力要进一步下放,学术判断应该由各领域的学者来负责。院系二级学术单位应该在评定博士论文水平上拥有更多的权力,也应担负更多的责任。清华大学从 2015 年开始把学位论文的评审职责授权给各学位评定分委员会,学位论文质量和学位评审过程主要由各学位分委员会进行把关,校学位委员会负责学位管理整体工作,负责制度建设和争议事项处理。

全面提高人才培养能力是建设世界一流大学的核心。博士生培养质量的提升是大学办学质量提升的重要标志。我们要高度重视、充分发挥博士生教育的战略性、引领性作用,面向世界、勇于进取,树立自信、保持特色,不断推动一流大学的人才培养迈向新的高度。

清华大学校长

2017 年 12 月 5 日

丛书序二

以学术型人才培养为主的博士生教育,肩负着培养具有国际竞争力的高层次学术创新人才的重任,是国家发展战略的重要组成部分,是清华大学人才培养的重中之重。

作为首批设立研究生院的高校,清华大学自 20 世纪 80 年代初开始,立足国家和社会需要,结合校内实际情况,不断推动博士生教育改革。为了提供适宜博士生成长的学术环境,我校一方面不断地营造浓厚的学术氛围,一方面大力推动培养模式创新探索。我校已多年运行一系列博士生培养专项基金和特色项目,激励博士生潜心学术、锐意创新,提升博士生的国际视野,倡导跨学科研究与交流,不断提升博士生培养质量。

博士生是最具创造力的学术研究新生力量,思维活跃,求真求实。他们在导师的指导下进入本领域研究前沿,吸取本领域最新的研究成果,拓宽人类的认知边界,不断取得创新性成果。这套优秀博士学位论文丛书,不仅是我校博士生研究工作前沿成果的体现,也是我校博士生学术精神传承和光大的体现。

这套丛书的每一篇论文均来自学校新近每年评选的校级优秀博士学位论文。为了鼓励创新,激励优秀的博士生脱颖而出,同时激励导师悉心指导,我校评选校级优秀博士学位论文已有 20 多年。评选出的优秀博士学位论文代表了我校各学科最优秀的博士学位论文的水平。为了传播优秀的博士学位论文成果,更好地推动学术交流与学科建设,促进博士生未来发展和成长,清华大学研究生院与清华大学出版社合作出版这些优秀的博士学位论文。

感谢清华大学出版社,悉心地为每位作者提供专业、细致的写作和出版指导,使这些博士论文以专著方式呈现在读者面前,促进了这些最新的优秀研究成果的快速广泛传播。相信本套丛书的出版可以为国内外各相关领域或交叉领域的在读研究生和科研人员提供有益的参考,为相关学科领域的发展和优秀科研成果的转化起到积极的推动作用。

　　感谢丛书作者的导师们。这些优秀的博士学位论文,从选题、研究到成文,离不开导师的精心指导。我校优秀的师生导学传统,成就了一项项优秀的研究成果,成就了一大批青年学者,也成就了清华的学术研究。感谢导师们为每篇论文精心撰写序言,帮助读者更好地理解论文。

　　感谢丛书的作者们。他们优秀的学术成果,连同鲜活的思想、创新的精神、严谨的学风,都为致力于学术研究的后来者树立了榜样。他们本着精益求精的精神,对论文进行了细致的修改完善,使之在具备科学性、前沿性的同时,更具系统性和可读性。

　　这套丛书涵盖清华众多学科,从论文的选题能够感受到作者们积极参与国家重大战略、社会发展问题、新兴产业创新等的研究热情,能够感受到作者们的国际视野和人文情怀。相信这些年轻作者们勇于承担学术创新重任的社会责任感能够感染和带动越来越多的博士生,将论文书写在祖国的大地上。

　　祝愿丛书的作者们、读者们和所有从事学术研究的同行们在未来的道路上坚持梦想,百折不挠! 在服务国家、奉献社会和造福人类的事业中不断创新,做新时代的引领者。

　　相信每一位读者在阅读这一本本学术著作的时候,在吸取学术创新成果、享受学术之美的同时,能够将其中所蕴含的科学理性精神和学术奉献精神传播和发扬出去。

清华大学研究生院院长

2018 年 1 月 5 日

导师序言

　　风能作为一种清洁能源,是国际上公认的最主要的绿色能源之一。近十年来,风能在我国得到了大规模的利用。自然风能的随机性与可变性使得根据风况进行发电机功率的调节成为风力发电设备中最核心的技术。目前,水平轴风机是风力发电设备的主要形式,它的功率调节技术就是基于叶片自旋转的变桨技术,通过连接于叶片与轮毂之间的变桨轴承来实现。因其具有叶片的承载与旋转变桨的双重功能,所以必然具有受力状态与运动驱动的复杂性,制造与维护成本都非常高,难以满足中小型风机经济性和结构紧凑性的要求。

　　正是针对水平轴风机的新型变桨原理,谢炜博士在其博士学位论文中提出了一种全新的基于斜轴折叠的变桨原理。首先,围绕水平轴风机的新型变桨方式,提出并进行折叠变桨原理的研究,搭建了风轮功率测试平台,制作折叠变桨风轮模型,系统开展风洞实验。风洞实验的结果证明了折叠变桨风轮具有有效的功率调节能力。然后,在气动载荷理论方面,定义风轮局部坐标系,采用向量形式表征风轮和叶片关键结构参数,通过修正有效气流状态参数,获取有效气动载荷分量,重构气流动量定理方程,以及解耦分析叶片折叠变桨效应,对叶素动量理论进行修正,建立了折叠变桨风轮的气动载荷理论模型,并验证了模型的合理性。进一步,开展折叠变桨风轮气动性能调节机理研究,对产生气动性能变化的因素进行区分和无量纲化表征。基于风轮气动载荷理论,定量分析折叠轴参数对风轮功率调节性能的影响。通过合理的折叠角调节,可以实现恒定功率与恒定转速的控制。针对折叠变桨轮毂开展静力学分析,综合力学性能与功率调节性能的要求,提出折叠变桨轮毂结构参数设计准则。最后,针对 1MW 折叠变桨风轮开展工程化应用研究,设计风轮结构参数,制定功率调控规则,对比分析折叠变桨轮毂与常规变桨轴承载荷状态。

　　谢炜博士针对水平轴风机提出了全新的折叠变桨原理,不仅在原理及理论上具有创新性,还具有重要的工程应用价值。本书获得了 2017 年清华大学优秀博士学位论文一等奖,所取得的成果已在风电领域的权威学术刊物 *Energy*,*Energy Conversion and Management* 上发表了系列的论文,在 Wind Europe Summit 上也展示了重要的成果,得到学术界的高度认同。

　　本书系统性好、描述清晰、数据详实,既有理论推导、数值计算,也有很多的实验测试数据。希望本书的出版,能对从事风电装备新型变桨原理研究的科技工作者具有重要的启发和参考价值。

曾　攀

清华大学机械工程系教授

2018 年 6 月 20 日

前　言

  自从兆瓦级风机诞生以来,几乎所有的风机都采用了变桨系统。叶片的变桨是指叶片绕展向轴的旋转,这种轴向的旋转能够改变气流的攻角,调节叶片承受的气动载荷。由于自然界中风况的不确定性,风机在运行过程中,必须时刻感知甚至是预判风况的变化,做出相应的变桨动作,保证气流对机组的作用力和风轮的输出功率维持在设计水平内。因此,变桨系统对于风机的运行安全具有决定性的作用。现有的变桨系统中最重要的部件之一为变桨轴承。变桨轴承一方面要具备出色的工作性能,实现叶片的平稳变桨;另一方面还必须具备非常良好的承载能力,抵抗叶片施加的载荷。由于自然界中的风况具有非常大的不确定性,作用在变桨轴承上的载荷往往非常复杂,轴承需要经过专门的设计并进行定制化生产,但即便在这样的条件下,变桨轴承的受力情况依然恶劣。

  伴随着风电行业的发展,风电技术不断推陈革新,越来越多的新型技术给风机功率和载荷控制提供了新的思路。超轻变形风轮、伸缩叶片风轮、叶片弯扭耦合技术和分段变桨技术等就是典型的例子,其中部分技术已经具备了常规变桨系统的功能。在这样的大背景下,本书针对目前变桨技术中的变桨与受力支撑相互耦合的问题,提出了一项将变桨与受力支撑分离的新型叶片变桨方式,称为斜轴折叠变桨原理。从理论上分析新型变桨方式调节风机功率和气动载荷的机理,就该变桨类型风机的气动性能做了详尽的理论分析和风洞测试,展示该新型变桨方式的效果和优势。本书共分为6章,主要内容如下。

  第1章为绪论,简要介绍水平轴风机和叶片变桨的基本概念,综述当前风机设计的前沿技术、风机气动载荷理论和风机的风洞实验方法等。

  第2章为折叠变桨风机的基本原理,推导风机气动载荷计算的叶素动量方法,基于实例展示气动载荷在风轮面上的分布形式。介绍新型折叠变桨风机的概念,阐述新型变桨结构的基本原理和优势。进行验证性的风洞测试,证明新型变桨概念的正确性。

第 3 章为折叠变桨风轮的风洞实验,首先对静态的折叠变桨叶片进行测试,然后对真实旋转状态下的折叠变桨风轮进行功率测试,总结风洞实验的结果,讨论叶片折叠变桨的效果。

第 4 章为折叠变桨风轮的气动载荷理论部分,系统推导折叠变桨风轮的改进叶素动量方法,开展风洞实验,验证改进方法的正确性和准确性,讨论折叠变桨风轮的气动性能,涉及叶片折叠轴参数与风机功率调控能力的关系、风机承受的推力情况和输出功率能力等。基于实例,推导和讨论叶片折叠变桨调节风机气动载荷的机理。

第 5 章为折叠变桨风轮结构的参数设计,首先,将完整的折叠轴参数纳入风机气动载荷计算中,进一步推导了改进的叶素动量方法。其次,介绍了折叠变桨轮毂的结构形式和原理,详细分析了轮毂结构的静力学,给出了折叠变桨风轮结构参数与轮毂结构受力之间的关系,并基于实例,展示了风轮结构参数对折叠变桨轮毂受力的影响。最后,介绍了折叠变桨风轮结构参数的设计思路,给出了设计方法。

第 6 章为针对 1MW 风机的折叠变桨风轮应用,首先介绍 1MW 风机的额定参数和叶片参数,然后对风机进行折叠变桨风轮结构参数的设计,讨论该 1MW 风轮叶片折叠变桨的效果,对比常规变桨风轮与折叠变桨风轮的功率调节性能与变桨结构承受的载荷。

本书的研究工作承蒙国家自然科学基金项目(51575296、51875305)和清华大学科技创新项目(20121087919)的资助,也得到了清华大学机械工程系和先进成形制造教育部重点实验室的支持。作者导师,清华大学机械工程系的曾攀教授对作者的研究工作给予了非常重要的指导和帮助,对本书的出版给予了大力的支持,并对本书进行了详细的审定。清华大学机械工程系超轻结构与塑性成形研究团队的各位老师及研究生对本书的编写也提供了大量的帮助,在此表示衷心的感谢。作者同时要感谢清华大学研究生院和清华大学出版社对本书出版的支持,感谢清华大学出版社的戚亚编辑对本书出版的重要贡献。

谢 炜

2018 年 8 月 5 日

摘　要

　　风能作为一种清洁能源,近十年来在我国得到了大规模的利用。水平轴风机是实现风力发电的主要设备,其中叶片变桨技术是控制风机功率和气动载荷的关键技术。叶片变桨为叶片绕展向转动的过程,变桨轴承用于连接叶片与轮毂,为实现叶片变桨的关键结构,具有复杂的受力状态。实现高效的叶片变桨和改善变桨结构的受力状态为新型变桨技术的重要研究内容。常规变桨系统具有较为复杂的结构与驱动形式,难以满足中小型风机经济性和结构紧凑性的要求,因此研究应用于中小型风机高效的变桨结构具有重要意义。本书提出了折叠变桨风轮的概念和折叠变桨轮毂的结构形式,为中小型风机提供了新型的叶片变桨方式。折叠变桨轮毂在实现叶片有效变桨的同时具备改善变桨结构受力状态的优势。

　　本书围绕叶片折叠变桨原理与风轮气动载荷理论展开。搭建风轮功率测量平台,制作风轮模型,系统开展风洞实验,研究折叠变桨风轮的功率调节性能。在风轮气动载荷理论方面,针对折叠变桨风轮,通过修正气流状态参数,获取有效气动载荷分量,重构气流动量定理方程和分析叶片变桨与折叠的耦合关系,对叶素动量理论进行了修正,建立了折叠变桨风轮的气动载荷理论算法。开展风洞实验验证算法的准确性。研究折叠变桨风轮气动性能调节的机理,对风轮气动性能调节的因素进行无量纲化表征。利用修正叶素动量理论,分析叶片折叠轴参数对风轮功率调节性能的影响。开展折叠变桨轮毂的静力学分析,综合轮毂的力学性能要求与风轮的功率调节性能要求,提出折叠变桨轮毂结构的参数设计准则。以 1MW 风机为例,开展折叠变桨风轮的应用研究,设计风轮的结构参数,制定风轮的功率调控规则,开展折叠变桨风轮与常规变桨风轮的对比研究。

　　风洞实验结果证明了折叠变桨风轮具备有效的功率调节能力,通过合理的叶片折叠角调节,实现了风轮恒定功率与恒定转速的控制。修正叶素动量算法准确预测了折叠变桨风轮的功率,理论计算的最大误差为 11.81%。风轮的叶尖速比变化与叶片折叠的变桨效应为风轮气动性能调节的主要因素。增大折叠轴倾角和减小折叠轴径向位置均提高了风轮的功率调节灵敏度,折叠轴倾角与径向位置的设计值分别为 50°~70°和 0%~20%风轮半径。对于折叠变桨结构,支撑杆起到了承担叶片离心力与面外弯矩的作用,因此,相比变桨轴承,折叠变桨结构具有更加良好的受力状态。

　　关键词:水平轴风机;变桨;叶素动量理论;风轮轮毂;功率调节

Abstract

As a kind of renewable energy, wind energy has been widely utilized in the past decade in our country. Horizontal axis wind turbine is the basic equipment to convert wind energy into electricity. Blade pitching is the key to controlling wind turbine power and aerodynamic loads. Blade pitching is the rotation of a blade around its spanwise axis. Pitch bearing is used to connect blade and hub for a pitch regulated wind turbine and is under complicated load conditions. Realizing effective blade pitching and meanwhile releasing loads on pitch mechanism are the main content of blade pitching technology research. Conventional blade pitch system possesses complicated structure and thus can hardly meet the requirement of economical efficiency and compact design for small to medium size wind turbines. Developing efficient blade pitch mechanism for small to medium size wind turbines is of importance. This book proposed innovative folding rotor concept and folding hub design. This rotor concept together with the hub design is treated as a new approach to blade pitching for small to medium size wind turbines. The folding hub is effective in pitching blade and releases loads on blade pitch mechanism as well.

This book focused on blade folding induced pitching mechanism and wind turbine aerodynamic load theory. A wind turbine rotor power testing platform was built. Folding rotor models were manufactured and wind tunnel experiments were conducted. Folding rotor performance in controlling power was investigated. In the field of rotor aerodynamic load theory, airflow parameter changes, aerodynamic load direction variations and blade folding induced pitching effects were analyzed for the folding rotor. Furthermore, the airflow momentum theorem functions have been rebuilt. Based on above modifications, the blade element momentum method was developed for the innovative folding rotor. Wind tunnel experiments were conducted to examine the calculation precision of the developed method. The theory of aerodynamic property regulation was studied for the folding rotor. Factors that lead to rotor aerodynamic property change have been theoretically expressed. Influences of both folding axis inclined angle and its radial position on rotor power control ability have been studied. The folding hub statics was analyzed. The design rule of folding hub parameters was made considering both hub mechanical property and rotor power control property requirements. As a case study, parameters were designed for a 1MW folding rotor based on this rule. The power regulation rule was set for this rotor. The power control performance was compared between this innovative folding rotor and a conventional pitch regulated rotor.

Wind tunnel experiment results demonstrated that folding rotor was capable in controlling power. By appropriate blade folding rule, constant power output and constant rotor speed were achieved for the tested folding rotor. Folding rotor power was accurately predicted by the developed blade element momentum method and the maximum deviation was 11.81%. Tip speed ratio change and blade folding induced pitching effect are the key to the rotor aerodynamic property change. By increasing folding axis inclined angle and reducing folding axis radial distance, rotor power adjustment sensitivity increases. The design values of folding axis inclined angle and radial position are $50°\sim70°$ and $0\%\sim20\%$ rotor radius, respectively. As to the folding hub structure, support rod bears blade centrifugal force and flapwise bending moment. Hence, compared to pitch bearing, folding hub structure is under better load condition.

Key words: Horizontal axis wind turbine; Blade pitching; Blade element momentum method; Rotor hub; Power regulation

主要符号对照表

α	气流攻角
β	叶片桨距角
β_b	叶片变桨角
γ	折叠轴倾角
δ	叶片折叠角
η	叶片相位角
σ	风轮局部实度
τ	支撑杆与驱动杆夹角
τ_0	支撑杆与驱动杆初始夹角
φ	相对风速角
Ω	风轮旋转角速度
a	气流轴向诱导因子
a'	气流周向诱导因子
c	叶片弦长
C	叶片离心力
C_D	翼形阻力系数
C_L	翼形升力系数
C_P	风能利用系数
C_T	风阻推力系数
fc	离心力分布因子
ft	拉力因子
F	叶片旋转力
F_a	叶尖损失修正因子
G	叶片重力
l_C	叶片离心力作用点沿风轮径向位置
l_F	叶片旋转力作用点沿风轮径向位置

l_G	叶片重力作用点沿风轮径向位置
l_h	折叠铰链沿风轮径向位置
l_l	叶根支撑点沿风轮径向位置
l_p	变桨轴承沿风轮径向位置
l_s	驱动杆长度
$l_{s,0}$	驱动杆初始长度
l_T	叶片风阻推力作用点沿风轮径向位置
M	风轮旋转力矩
n	风轮转速
N	风轮叶片数量
P	风轮输出功率
r	叶素沿叶片展向距离
r_1	折叠轴沿风轮径向位置
R	风轮半径
T	风阻推力
TSR	风轮叶尖速比
v_0	来流风速
w	相对风速
$\boldsymbol{K}$	风轮原始坐标系与投影面坐标系变换矩阵
$\boldsymbol{K}_\delta$	风轮原始坐标系与叶片坐标系变换矩阵
$\boldsymbol{K}_z$	叶片坐标系与旋转面坐标系变换矩阵

目　录

Contents

第1章 绪 论

1.1 风能的利用与水平轴风机

随着工业的发展,人们对能源的需求不断增加,日益凸显的环境问题推动了清洁能源产业的快速发展,使其成为发展最快的能源类型[1]。风能因其资源分布广和能量利用效率高等因素,成为发展最快、最受重视的清洁能源。根据全球风能理事会的数据[2],2015 年全球风电累计装机容量为432.88GW,其中中国累计装机容量为 145.36GW,占全球总量的 33.6%,位居世界第一;美国的累计装机容量仅次于中国,为 74.47GW;德国的累计装机容量占全球总量的 10.4%,达 44.94GW,位列第三。全球主要的风电大国还有印度、西班牙、英国、加拿大、法国、意大利等。在能源占有比例方面,2015 年中国风能消耗占总能源消耗的比例为 3.32%,欧美一些主要国家的这一比例处于更高水平。其中,丹麦、西班牙、德国、英国和美国的风能消耗占总能源消耗的比例分别为 42%,19%,13%,11% 和 4.7%[2]。

水平轴风机是风力发电的主要设备,风能通过风轮系统转化为机械能,由传动系统将能量传递至发电机,最终转化为电能。风轮系统是实现风能转化的首要环节,也是风机进行功率调节的关键环节。水平轴风机依照叶片桨距角是否具备主动调节的能力分为定桨型风机和变桨型风机。叶片的桨距角为叶片弦长与风轮旋转面之间的夹角,定桨型风机叶片与轮毂固定连接,风轮运行过程中叶片桨距角固定。变桨型风机通过变桨轴承连接叶片和轮毂,叶片变桨系统实时调节叶片的桨距角。桨距角决定了叶片表面气流的攻角,因此决定着风轮的气动性能。叶片变桨通过改变叶片的桨距角,实现风轮输出功率与气动载荷调节的目的。定桨型风机和变桨型风机在功率输出性能方面存在显著的差异。定桨型风机的叶片桨距角固定,当风速超过额定风速时,叶片从根部起逐渐进入失速状态,使气流产生的升力降低。定桨型风机正是利用叶片失速过程中气动效率的降低,平衡不断增大的风能,实现功率的调节。由于叶片失速为被动调节方式,风轮的输出功率无法实现精确地控制。此外,失速状态下气流产生的阻力显著增大,风轮承受的气动载荷远高于额定状态[3,4]。定桨型风机在功率及载荷控制能力方面无法满足大型风机的要求,但由于其控制简单和维护成本低等优势,在中小型风机中得到了广泛应用。

变桨型风机通过主动的叶片桨距角调节,在风速超过额定风速的情况下,大幅减小气流的攻角,严格限制叶片失速的发生。气流攻角减小的同时降低了气动升力和阻力,因此在高风速下,变桨型风机在实现稳定功率输出的同时,也限制了风轮气动载荷的升高,具备了定桨型风机无法实现的功能。此外,变桨型风机采用主动的控制方式,其功率输出的稳定性和调节的快速性远优于定桨型风机。当风速达到切出风速时,通过大角度变桨实现气动刹车。变桨型风机的风轮系统由叶片、轮毂和变桨结构组成,其成本占整机成本的 $20\%\sim25\%$[5]。由于具备出色的功率和气动载荷调节能力,变桨型风机已成为兆瓦级风机的主流机型。

变桨型风机的叶片通过变桨轴承与轮毂连接,叶片与轮毂形成悬臂梁的力学结构,变桨轴承起支撑叶片的作用。变桨轴承一方面应保证良好的润滑性能,以传递叶片变桨的驱动力,另一方面应具备优异的力学性能,以承受来自叶片的作用力与力矩。根据风机空气动力学理论,叶片承受的气动力与相对风速的平方呈正比例关系[6]。气动力由叶片根部往尖端逐渐增大,且气动力的作用力臂与叶片展向呈正比例关系。因此,外围叶片段的气动性能远高于根部叶片段。然而,由于叶片的悬臂梁结构,根部叶片段主要起支撑外围叶片段的作用,其尺寸与质量明显大于外围叶片段。文献[7]的数据表明,叶片根部 25% 长度部分的质量约占叶片总质量的 46%,而该部分叶片段产生的功率仅占叶片总功率的 5%。叶片的悬臂梁结构大幅增加了根部叶片段的质量,消耗了大量的变桨功率,同时给变桨轴承和轮毂带来了巨大的载荷,降低了叶片的经济性。当前新型风轮结构的研究主要集中在以下方面:减小叶片质量与设计新型轮毂结构,实现叶片的轻量化与轮毂载荷的控制;设计新型的风轮结构,实现风轮气动载荷的控制。此外,新型的风轮功率调节方式与叶片变桨方式也成为一个研究热点。

降低发电成本、提高风能在能源市场中的竞争力的最有效的方式是提高风机的额定功率[4],可通过提高风机的风能利用系数和增大风轮的扫风面积实现。当前大型风机的风能利用系数达 40% 以上,根据贝茨(Betz)极限可知,水平轴风机的极限风能利用系数为 59.3%,进一步提升风机风能利用系数的空间有限[6]。因此,增大风轮扫风面积成为风机发展的主要趋势。

1.2　风轮结构的研究现状

随着风机技术的不断发展,新型风轮的概念被不断提出,这些概念充分利用了如改变载荷作用模式、增大风轮摆动自由度、调节风轮锥角和采用柔性叶片等技术手段,在风轮结构载荷控制和功率调节方面具备出色的性能。

1.2.1　轮毂载荷控制技术

大型风机一般采用风轮上风向布置的形式,叶片通过法兰或变桨轴承与轮毂连接,具有较大的抗弯刚度,防止与塔架发生干涉。较高的叶片刚度增加了叶片质量,同时也使得叶片和轮毂承受了气流产生的面外弯矩。针对该问题,Loth,Ichter 和 Steele 等人[7,8]提出了分段超轻预弯风轮(segmented ultralight pre-aligned rotor)的概念。超轻预弯风轮采用下风向布置,叶片沿下风向预弯设计,叶片展向与载荷方向保持一致,大幅降低了叶片和轮毂承受的面外弯矩。弯矩载荷的降低有效减小了叶片所需的抗弯刚度,叶片的质量得以降低。叶片的轻量化和面外弯矩的降低有效改善了轮毂的受力状态。Loth 等人[7]以 10MW 风轮为研究对象,通过风轮载荷分析和叶片结构分析,对比研究了超轻预弯风轮叶片与非预弯风轮叶片。结果表明,超轻预弯风轮叶片的减重比例超过 50%,叶片和轮毂几乎未承受面外弯矩。

由于超轻预弯风轮在设计阶段预定了叶片的预弯角度,风轮仅在额定风速附近实现了叶片和轮毂载荷的控制。为提升超轻预弯风轮的效果,Ichter 等人[5]进一步提出了分段超轻变形风轮(segmented ultralight morphing rotor)的概念。这一概念和超轻预弯风轮的原理相同,以改变叶片展向方位为手段,降低叶片和轮毂的弯矩载荷。不同的是,分段超轻变形风轮进一步通过叶片弯曲角度的主动调节,实现了全风速段叶片展向方位的控制,因此叶片和轮毂的弯矩载荷在全风速段内均保持较低水平。Ichter 等人计算了风轮在不同风速下的载荷,制定了叶片弯曲角度随风速的变化规则[5]。分段超轻预弯风轮和变形风轮在大型风机,特别是 10MW 级以上风机的叶片轻量化和轮毂载荷控制方面具有很好的应用前景。

另一种实现轮毂载荷控制的手段为增大风轮的自由度,通过风轮随气动载荷变化作适当的摆动,降低轮毂的弯矩载荷和疲劳载荷[9]。基于此,跷跷板风轮(teetering hub rotor)被提出。通过增大风轮的面外摆动自由度,跷跷板风轮显著降低了轮毂的弯矩载荷和叶片承受的非平衡载荷[10]。

相比三叶片风轮,双叶片风轮具有更低的制造成本,因而得到了研究人员的重视。由于双叶片风轮偏航惯性矩和风剪切载荷等随叶片方位角变化而波动,消除轮毂和叶片的非平衡载荷为双叶片风轮的一项研究重点,其中最有效的方式为跷跷板风轮设计[11,12]。这项风轮设计将双叶片连接成整体,风轮和轮毂采用单点铰链连接,增加风轮的面外摆动自由度。一些研究人员开展了风轮面外摆动柔度对轮毂弯矩、推力和旋转力矩影响的研究[10,13]。为了限制风轮的摆动幅度,作为一项改进设计,风轮的摆动角与叶片的桨距角通过倾斜的摆动轴实现了耦合[14]。受非平衡风阻推力的作用,风轮发生面外摆动,双叶片的桨距角变化方向相反,使得双叶片承受的风阻推力变化方向相反,双叶片的共同作用,限制了风轮摆动幅度的增大。此外,叶片的独立变桨技术在限制风轮摆动幅度方面也具有显著的效果[15]。除跷跷板风轮外,铰接式风轮(flap hinge hub rotor)同样利用了增大叶片摆动自由度的方式消除非平衡载荷[16]。不同的是,铰接式风轮各叶片均具有独立的摆动自由度,相比跷跷板风轮进一步增大了自由度。跷跷板风轮改变了叶片的悬臂梁结构,在轮毂载荷控制方面表现出出色的效果,为风轮结构设计提供了重要的思路。

1.2.2 气动载荷控制技术

风轮结构研究的另一项重要内容为气动载荷的控制。根据风机空气动力学理论[17],风轮扫风面积和叶片升阻力系数是决定风轮气动载荷的关键因素。叶片变桨技术即通过调节叶片的桨距角,改变气流的攻角,从而调节叶片的升阻力系数,达到实现风轮气动载荷调节的目的,是一项高效的气动载荷控制技术。此外,一些新型的风轮结构通过调整风轮构型,也实现了气动载荷的有效控制。

不同于变桨型风轮采用主动变桨的方式,弯扭耦合叶片风轮采用了被动的变桨方式。弯扭耦合叶片利用叶片的面外弯曲变形产生耦合的扭转变形,从而实现叶片桨距角的调节。在风速超过额定风速和在风速快速变化的情况下,叶片的弯扭耦合效应有效地平衡了风速变化带来的气动载荷变化。叶片的变形依靠气动载荷被动实现,桨距角调节的时间极短,叶片具有非常有效的载荷控制效果[18]。这项技术依靠叶片材料的设计而实现。现代叶片常用的材料为玻璃纤维与树脂构成的复合材料,通过改变玻璃纤维铺层和叶片展向之间的夹角,实现了叶片弯扭耦合程度的控制。弯扭耦合叶片的概念在 20 世纪末期就已经被提出[19,20]，至今仍为风机技术的研究热点。Maheri 等人[21]采用叶片弯扭耦合理论模型和有限元模型结合的方式，提高了叶片弹性变形的计算效率。结合叶片气动载荷模型，实现了高效的叶片气弹耦合分析。Capuzzi 等人[22,23]采用叶素动量理论，计算了弯扭耦合叶片在不同风速下的载荷和功率，设计了叶片的扭角分布和扭角随风速的变化规则。偏轴纤维梁和偏轴纤维蒙皮为弯扭耦合叶片常用的结构，针对这两种结构，刘旺玉等人[24]构建了叶片结构的有限元模型，定义了叶片等效刚度和等效耦合系数等，进行了叶片的结构分析，评估了不同结构形式弯扭耦合叶片的应力和应变状态。赵俊山等人[25]通过弹塑性力学推导，建立了叶片弯扭耦合设计的理论公式，并将其应用于 750kW 风轮叶片的设计。

柔性风轮(soft rotor)为实现气动载荷控制的新型风轮形式。该风轮设计具备主动的锥角调节功能，风轮构型能够主动适应风速变化，以降低气动载荷。Rasmussen 等人[26]设计了一台双叶片、15kW 的柔性风轮。该风轮采用下风向布置和被动偏航方式，叶片仅由壳结构组成，具有柔性结构特征，叶片质量小，具备良好的风载适应变形能力。风轮采用跷跷板风轮，且根据风速情况，具备主动的锥角调节能力。在极端风速下，风轮锥角进行大角度调节，使叶片展向平行于风速方向，大幅降低风轮的气动载荷。相比常规的跷跷板风轮，通过采用柔性结构叶片与风轮锥角的主动控制，该风轮在运行工况和极端风况下，载荷降低了 25%～50%。

1.2.3　功率控制与新型变桨技术

功率控制为新型风轮结构研究的一项重要内容。叶片变桨为调节风轮输出功率的主要方式，另一种调节风轮功率的方式为改变风轮的扫风面积。

基于改变风轮扫风面积的方式，伸缩式叶片风轮(retractable blade rotor)被提出，该风轮形式的主要目的为提升风机的年发电量[27]。伸缩式叶片由两部分叶片段组成，尖端叶片嵌套在根部叶片内部，叶片段间通过机械滑动结构连接，实现了尖端叶片的伸展与收缩。在低风速下，尖端叶片向外伸展，扩大风轮的扫风面积，提高风能捕获能力。在高风速下，尖端叶片收缩，嵌套于根部叶片内部，减小叶片长度。Dawson[28]测试了 120kW 伸缩式叶片风机的输出功率。该风机叶片长度调节范围为 8～12m，与叶片长度固定为 9m 的风机相比，伸缩式叶片风机年发电量提高了 12.9%。美国国家新能源实验室的研究结果同样证明了伸缩式叶片风机在提高输出功率方面的有效性[29]。McCoy 和 Griffin[30] 计算了直径变化范围为 81～110m、额定功率为 2.5MW 风轮的输出功率。他们的研究成果表明,在 IEC4 类风况下,相比直径为 90m 的常规风轮,伸缩式叶片风轮年发电量提高了 22.8%。在 IEC6 类风况下,伸缩式叶片风轮年发电量提高了 19.4%。Pasupulati 等人[31] 对三台额定功率为 120kW 的伸缩式叶片风机进行了功率测试。测试结果表明,相比常规风机,伸缩式叶片风机的年发电量增加了 15.9%～20.5%。Sharma 等人[32,33] 也对伸缩式叶片风机开展了全面的研究。

实现高效的叶片变桨为新型变桨技术的一项主要研究内容。根部叶片段具有较高的质量比例,而其气动性能却远低于外围叶片段,该性质降低了叶片的变桨效率,同时也增大了变桨结构的载荷。在这样的背景下,分段变桨风轮概念被提出,并得到了深入的研究。

根据风机空气动力学理论,风能利用系数沿风轮径向呈非均匀分布形式,在风轮外围部分,风能利用系数远高于中心部分[34]。Shimizu 通过风洞实验,分别研究了叶片尖端外形对风轮功率、叶尖气流和叶片表面压力分布的影响[35,37]。其研究结果表明,带有 Mie 型叶尖小翼的风轮有效消除了叶尖涡流,减小了叶尖的功率损失,相比未采用叶尖小翼的风轮,其风能利用系数提高了 15%。Gaunna 和 Johansen[38] 的研究结果也表明,增设叶尖小翼有效改变了风轮的气动性能。由此可见,改变叶尖气动性能对叶片整体的功率输出性能产生了显著的影响。而在叶片质量分布方面,外围叶片段质量占叶片总质量的比例远低于根部叶片段。Loth 等人[7] 的研究数据表明,尖端 25% 叶片段的质量约占叶片总质量的 12%。因此,通过外围叶片段的变桨,可有效调节风轮的气动性能,同时降低叶片变桨的驱动功率和变桨结构的载荷。

依托外围叶片段高效的气动调节能力,分段变桨风轮概念应运而生。分段变桨风轮将叶片分为根部叶片段和外围叶片段两部分,根部叶片段为定桨叶片,与轮毂固定连接,外围叶片段为变桨叶片,通过变桨轴承与根部叶片段连接,变桨驱动结构位于根部叶片段与外围叶片段的连接位置。波音公司曾制造了风轮直径为 91m、额定功率为 2.5MW 的分段变桨风机[39],该风机仅由外围 30% 长度叶片段进行变桨控制,桨距角的调节范围为 0°～100°,变桨叶片段质量占叶片总质量的 9.9%。风机的测试结果表明,相比等功率常规变桨型风机,变桨轴承承受的载荷和变桨驱动功率显著降低。Grabau 和 Friedrich[40] 详细设计了分段变桨风轮的结构,并且制定了叶片的桨距角调控规则。Friedrich 和 Varming Rebsdorf[41]针对该技术在海上风机方面的应用,提出了海上分段变桨风机和浮动平台的设计。该设计已成功应用于一台 3.6MW 的海上风机[42]。Kim 等人[43-45]对该风机开展了叶片载荷和风轮功率的实地测试和仿真研究。其研究结果表明,在相同额定功率和相同风轮实度的条件下,双叶片分段变桨风机具备与三叶片常规变桨风机相当的功率调节能力,而分段变桨风机叶片根部的面外弯矩与塔架根部的弯矩则显著低于常规变桨风机。

1.3　叶素动量理论的研究进展

风机气动载荷的准确分析是进行风机结构设计的基础。在风电技术发展的初期,风机的气动载荷通过经验公式获取。随着风电产业进入专业化发展阶段,风机气动载荷理论得到了人们的关注。贝茨最早对水平轴风机的能量转化过程进行了理论分析。贝茨理论将风轮简化为致动盘模型,仅考虑气流流经风轮过程中,气流在风轮轴向的物理变化过程,以作用在风轮上的致动力为研究对象,进行能量转化的分析。气流流经风轮的过程如图 1.1 所示。气流流经风轮,其轴向速度不断减小,以轴向诱导因子 a 表征该速度变化。气流初始速度为 U_∞,流经风轮面时速度减小为 U_d,$U_d=(1-a)U_\infty$,流经风轮后速度进一步减小为 U_w。气流在流经风轮过程中的动量变化为 $\rho A_d U_d (U_\infty - U_w)$,其中 A_d 为风轮的扫风面积。由动量定理可知,气流动量的变化为作用在风轮平面上的推力。在能量变化方面,由伯努利定理可知,在无外力做功情况下,气流的动能、静能和势能总和保持不变。因此,无穷远处气流的能量总和与风轮平面前气流的能量总和相等。同理,风轮平面后气流能量总和与风轮远端气流能量总和相等。气流流经风轮过程中的能量变化如式(1-1)所示[17]。风轮平面前后压强的瞬间变化,实现了致动盘能量的吸收。致动盘前后面的压力差 $A_d(p_d{}^+ - p_d{}^-)$ 决定了气流作用在风轮面上的推力,结合式(1-1)和气流动量定理的结果,风轮远端气流的轴向速度 U_w 为 $(1-2a)U_\infty$。风轮的功率由风轮面处的风速和作用在风轮面上的推力决定,其表达式为 $P=2\rho A_d U_\infty^3 a(1-a)^2$,流经风轮面气流的能量为 $W=0.5\rho A_d U_\infty^3$,两者的比值定义为风能利用系数 C_P,$C_P=4a(1-a)^2$。当 $a=1/3$ 时,C_P 具有最大值,为 0.593,这一数值为贝茨极限。贝茨理论描述了风轮能量转化的理想情况,反映了水平轴风机所能达到的最高风能利用系数。

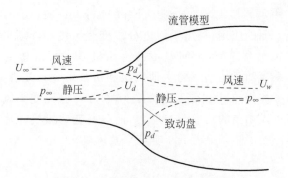

图 1.1　气流流经风轮过程示意图

$$
\begin{cases}
\dfrac{1}{2}\rho U_\infty^2 + p_\infty = \dfrac{1}{2}\rho U_d^2 + p_d^+ \\[2mm]
\dfrac{1}{2}\rho U_w^2 + p_\infty = \dfrac{1}{2}\rho U_d^2 + p_d^-
\end{cases}
\tag{1-1}
$$

式中,p_d^+ 和 p_d^- 分别为风轮平面前后的静压,p_∞ 为无穷远气流静压。

　　另一项风轮气动载荷和能量转化的理论为叶素动量理论(blade element momentum theory)。叶素动量理论除了考虑气流轴向速度的变化外,也考虑了气流在风轮周向上的速度变化。气流推动叶片旋转,自身具备了与旋转方向相反的周向速度。气流的周向加速过程发生在气流流经风轮面的过程中,叶素动量理论引入周向诱导因子 a' 表征气流周向速度的变化,流经风轮后气流具有的周向速度为 $2\Omega ra'$,其中 Ω 为风轮旋转角速度。叶素动量理论采用轴向诱导因子和周向诱导因子分别表征气流在对应方向上的动量变化,并利用动量定理获取气流在风轮轴向的作用力和风轮的旋转力矩。在叶片气动载荷分析方面,叶素动量理论将叶片沿展向离散为若干互不影响的叶素,利用翼形的气动参数、叶素弦长和相对风速等物理量获取叶素的气动载荷,并将各叶素气动载荷叠加,获取风轮承受的轴向推力和周向旋转力矩。联立气流动量定理与叶片气动载荷分析的结果,获取气流诱导因子的准确值。由于气流诱导因子与中间变量具有复杂的关联,往往采用迭代的计算方法对叶素动量理论进行求解。

　　叶素动量理论提出后,大量学者对其进行了深入地研究和改进。叶素动量理论的研究主要集中在叶尖功率损失修正、叶片失速延迟修正、雷诺数对翼形升阻力系数的影响和极端条件下诱导因子建模等方面,其主要目的在于提高叶素动量算法的准确性。在叶素动量理论发展的初期,简化模型未考虑有限叶片数量的影响,将风轮视作致动盘模型。为了表征有限叶片数量带来的影响,Prandtl[46]首先引入了叶尖损失修正的概念,该修正描述了随径向位置增大至风轮半径,气流环量以指数形式降低至零值的过程,该叶尖损失修正因子称为普朗特修正因子。利用该叶尖损失修正模型,Glauert[47]对气流动量定理方程中的诱导速度进行了修正,并将叶素动量理论发展成为风机气动载荷和功率的计算方法。此后,de Vries[48],以及Wilson 和 Lissaman[49]先后提出了不同的叶尖损失修正模型。针对普朗特叶尖损失修正因子在叶片尖端附近缺乏连续性的问题,Shen 等人[50]在普朗特修正因子的基础上,增加了待定系数,并通过实验获取了该待定系数的数学表达,提出了新的叶尖损失修正模型,Yang 等人[51]的研究证明了该修正模型的准确性。Imrran 等人[52]针对叶片弦长突变带来的功率损失,在普朗特修正因子的基础上,提出了新的修正模型,与实验数据的对比结果表明,采用该修正模型的叶素动量算法具有良好的计算精度。Branlard 等人[53-55]综述了现有的叶尖损失修正模型,在此基础上,采用涡方法和计算流体力学方法,结合实验研究,提出了新的叶尖损失修正模型。

由于风轮的旋转运动,叶片表面的气流产生旋转与离心运动,承受科氏力的作用。在科氏力的作用下,叶片表面的气流分离发生延迟,叶片的失速攻角高于翼形的失速攻角,叶片发生失速延迟现象,失速延迟效应在叶片根部区域最为显著。Du 和 Selig[56]建立了考虑科氏力作用的叶片边界层方程,推导了翼形升力系数与阻力系数的失速延迟修正公式。王强[57]系统分析了无黏失速模型,获取了模型的解析解,建立了叶片三维无黏失速延迟修正模型。其他研究人员同样对此问题开展了研究,并给出了相应的翼形升阻力系数修正模型[58,59]。在轴向诱导因子大于 0.4 的情况下,Buhl[60]通过实验数据分析,获取了该阶段轴向诱导因子的经验表达式。Lanzafame 和Messina[61]在此基础上,进一步提出了周向诱导因子的表达式,通过实验数据对比,证明了该表达式的准确性。Tojo 和 Marta[62]提出了叶片尖端气流轴向诱导因子的表达式,将其表达为普朗特修正因子的多项式。该诱导因子为 Sedaghat 等人[63]的研究所引用。在雷诺数对翼形气动参数的影响方面,Duquette 和 Visser[64]认为翼形阻力系数与雷诺数呈负相关关系。

叶素动量理论是最广泛使用的风轮气动载荷和功率分析方法。Lanzafame 和 Messina[65]利用叶素动量理论,开展了叶片的设计研究,并获取了优化的风轮功率输出曲线。此外,Lanzafame 和 Messina[66]还利用叶素动量理论设计了分段平板式叶片,简化了叶片的气动外形,理论计算结果表明,该叶片的气动性能与常规定桨叶片相当。Lampinen 和 Kotiaho[67]基于叶素动量理论,编写了叶片气动外形设计的代码,设计了长度为 12.5m 叶片的弦长和扭角分布。Kishinami 等人[68]利用叶素动量算法研究了风轮的功率输出性能。Zhu[69]等人设定了叶片翼形的修正规则,结合叶素动量算法,以最佳功率输出为目标,建立了叶片翼形的优化设计算法。

　　国内很多学者也对叶素动量理论开展了应用研究。沈坤荣[70]和王萌[71]利用叶素动量理论,以给定工况下最佳功率输出为设计目标,优化了叶片弦长和扭角的分布。姚志岗[72]也利用叶素动量理论开展了叶片气动外形的设计研究。结合叶素动量算法和遗传优化算法,顾怡红[73]对叶片的气动外形进行了优化设计。刘颖等人[74]设定了叶片弦长的分布模式,利用叶素动量算法,以给定工况最大功率输出为目标,对 8kW 风机叶片的气动外形进行了优化。曲佳佳[75]对比分析了二维 CFD 方法、叶素动量理论方法和三维 CFD 方法在风轮气动载荷计算中的区别,证明了叶素动量理论算法的准确性。田德等人[76]提出了叶素动量算法的新迭代公式。陈广华[77]利用叶素动量理论,获取了叶片输出功率的微分表达,结合自适应遗传算法,对 5MW 风机叶片的弦长和扭角进行了优化设计。樊炎星[78]利用威尔逊(Wilson)设计方法确定了叶素动量理论的关键参数,对 1MW 风机叶片的弦长和扭角进行了设计。

　　叶素动量理论的适用对象为平面风轮,对于具有锥角、偏航角和仰角等非常规风轮的情况,对风速和风轮旋转切向速度进行分解,以有效分量为输入,是叶素动量理论常用的修正方法[79]。刘雄等人[80]在塔架、机舱、轮毂和叶片等位置引入了局部坐标系,分析了坐标系间的变换关系,通过向量运算的方式获取有效的风速分量,对叶素动量理论进行了修正。采用相同的方法,李军向[81]以 61m 直径风轮为研究对象,定量分析了风轮锥角、仰角和偏航角对风轮功率和风阻推力的影响。Sant[82]针对偏航状态下的风轮,同样引入了风轮局部坐标系,利用向量运算对气流状态参数在各坐标系下进行分解,获取有效的分量,并且对偏航状态风轮尾涡产生的诱导速度进行分析,建立了偏航状态下风轮的叶素动量理论模型。Burton 等人[17]对风轮偏航状态下的诱导因子进行了修正,同时对偏航状态下,气流膨胀和偏斜尾流对风速分量的影响进行了建模。针对风轮的偏航效应,吴斌等人[83]综合了 Sant 和 Burton 等人的研究成果,建立了风轮的局部坐标系,获取了有效的气流状态参数,同时也结合实际风轮坐标系,考虑了轴向诱导因子的修正,以及气流膨胀和偏斜尾流带来的诱导速度影响。他们的研究进一步将气动载荷进行了分解,获取了有效的风阻推力和旋转力矩表达,对叶素动量理论进行了修正。采用风轮局部坐标系配合向量运算的方法准确地描述了风轮偏航、俯仰、锥角改变和变桨带来的影响,是研究特殊状态风轮叶素动量理论的重要思路。

1.4　水平轴风机的风洞实验

风洞实验是研究风轮功率输出性能和气动载荷的重要手段,风洞实验的数据往往作为理论计算结果准确性的判断标准,因此,保证风洞实验结果的准确性和可靠性具有重要意义。根据风洞测试段的开放形式,风洞可分为开口式风洞和闭口式风洞。开口式风洞测试段四周无外壁,为开放空间,气流稳定性和均匀性仅能在测试段入口处的有限范围内得到保证,被测量对象应处于紧邻测试段入口的空间内。由于没有外壁干扰,测试段气流流经被测量对象时,能够形成良好的自由流动状态,较为真实地反映实际情况。而闭口式风洞,测试段四周为固壁限制,气流被限制在有限空间内流动,测试段气流具有较低的湍流度和良好的均匀性[84]。当风轮扫风面积较大时,气流受四周固壁的限制,其自由扩展与自由流动状态受到影响,无法反映开放空间下真实的绕流情况。因此,采用闭口式风洞进行实验时,采集的风速数据需经过适当的修正才能反映真实的状态[85]。当风轮扫风面积与测试段横截面面积的比例超过 10% 时,实验测量的风速数据需进行修正[86]。Glauert[87] 最早对风轮的风洞实验数据进行了修正,以气流动量变化为依据获取了修正因子。Ryi 等人[88] 开展了风轮的风洞实验研究,验证了 Glauert 修正方法的正确性。Bahaj 等人[89] 和 Fitzgerald[90] 也分别对螺旋桨流体实验提出了相应的数据修正模型。

在风轮的风洞实验方面,Burdett 和 Van Treuren[91] 分别测试了直径为 0.3m,0.4m 和 0.5m 风轮的风能利用系数。在他们的研究中,风轮驱动发电机运行,发电机输出端连接负载,通过调节负载实现发电机扭矩的控制,从而调节风轮的转速。通过发电机输出的电压和电流数据,获取风轮的输出功率。张延迟、解大和顾羽洁[92,93] 设计和搭建了测试段截面直径为 3.5m 的直流式风洞实验平台,采用了风轮驱动发电机运行的方式,通过测量发电机的电功率,间接获取风轮的输出功率。另一种获取风轮功率的方式为测量风轮的机械功率。Monteiro 等人[94] 使用开口式风洞对直径为 1.2m 的风轮进行了功率测试实验。与 Burdett 等人的研究相同,风轮驱动发电机运行,通过调节发电机负载,实现风轮转速的调节,并通过光电耦合传感器测量风轮的实时转速。不同的是,风轮的旋转力矩通过机械装置转化为压力信号,通过静力传感器测量压力数据,由压力与力矩之间的转换关系,获取风轮的旋转力矩。基于风轮的旋转力矩和转速,获取风轮输出的机械功率。同样采用测量风轮机械功率的方法,Chen 和 Liou[86]对多组小型风轮进行了功率测试。风轮测试平台由风轮压力传感器、扭矩与转速传感器和制动系统组成,测试平台具有紧凑的结构形式。不同于 Monteiro 等人采用发电机控制风轮转速的方法,该风轮测试平台采用机械式制动系统为风轮提供制动力矩。扭矩与转速传感器安装于风轮与制动器之间,测量稳定运行状态下风轮的旋转力矩与转速数据,从而获取风轮的机械功率。

1.5　　本书的主要内容

本书围绕水平轴风机的新型变桨技术展开,提出了折叠变桨风轮的概念,阐述叶片的折叠变桨原理,内容涉及风机变桨结构设计、风机气动载荷理论、风机结构力学分析、风机功率和载荷控制等,包含详细的理论推导和丰富的风洞实验结果,全面展示了折叠变桨这项新型叶片变桨技术出色的功率和载荷调节能力,以及在改善变桨结构受力状态方面的优势。本书共分为 6 章,各章主要内容如下:

第 1 章为绪论。

第 2 章阐述了折叠变桨风机的基本原理。利用水平轴风机气动载荷理论分析了风机的能量利用能力。介绍了折叠变桨风机的概念,阐述了该风机设计的主要目的和优势。本章最后通过折叠变桨叶片的风洞实验,验证了该风机概念的正确性和有效性。

第 3 章通过实验的方式对折叠变桨风轮的气动性能进行了分析,包括静态折叠变桨叶片的风洞实验和折叠变桨风轮的功率测试实验。静态折叠变桨叶片测试包括功率调节测试、启动性能测试和气动刹车测试。折叠变桨风轮的功率测试实验获取了风能利用系数曲线。此外,通过实验和理论结合的方式,对折叠变桨风轮的功率调节原理进行了分析。

第 4 章讨论了折叠变桨风轮的气动载荷理论。分析了叠变桨风轮气动载荷调节的独特性,以及叶片折叠与变桨的耦合关系,阐述了适用于折叠变桨风轮的叶素动量理论。风洞实验的结果验证了叶素动量理论的准确性。第 4 章还从理论上描述了折叠变桨风轮气动性能调节的因素,分析了折叠变桨风轮气动性能调节的机理。

第 5 章在第 4 章的基础上,进一步将叶片折叠轴径向位置参数引入气动载荷理论,并对折叠轴参数与风轮功率调节灵敏度的关系进行了分析。提出了折叠变桨轮毂结构形式,结合风轮功率调节性能和结构力学性能的要求,制定了折叠变桨轮毂结构的参数设计准则。

第 6 章以额定功率为 1MW 的风轮为背景,进行了折叠变桨轮毂结构参数的设计。制定了风轮在运行风速内的功率调控规则,对比了 1MW 折叠变桨风轮与常规变桨风轮的功率调节性能与变桨结构的载荷,分析了折叠变桨轮毂的优势。

第 2 章　折叠变桨风机的基本原理

2.1　引　　言

　　本章主要介绍折叠变桨风轮的概念和原理。首先,探讨风轮的功率输出能力,分析风能利用系数沿风轮径向的理想分布形式。其次,介绍叶素动量理论,并以 5MW 风轮为例,展示输出功率沿风轮径向的分布。依据功率输出能力,将风轮面划分为三个区域。在此基础上,提出折叠变桨风轮的概念,阐明叶片折叠变桨的原理。最后,开展了静态折叠变桨叶片的风洞实验,实验结果很好地验证了叶片折叠变桨对调节风轮功率的有效性。

2.2　水平轴风机的能量利用效率

　　气流流经风轮平面,推动风轮旋转做功,风能转化为风轮的旋转机械能。在风轮平面内,气流相对叶片的速度和气动力的作用力臂均沿风轮径向发生变化。这些因素使得风轮捕获能量的能力在风轮面内呈现有规律的分布。本节基于叶素动量理论,研究风能利用系数沿风轮径向的理想分布形式。在此基础上,以功率输出能力为依据,对风轮面进行分区。

2.2.1　水平轴风机的风能利用系数

　　气流从无穷远处接近风轮平面的过程中,其速度 v_0 不断减小,叶素动量理论定义了轴向诱导因子 a 表征气流轴向速度的变化,气流在风轮平面处的轴向风速为 $(1-a)v_0$。由气流轴向动量定理和伯努利方程的推导可知,气流流经风轮后,其轴向速度进一步减小为 $(1-2a)v_0$。气流在推动风轮旋转的过程中,自身受风轮的反作用力,具有了沿风轮周向的速度。叶素动量理论定义了周向诱导因子 a' 表征气流周向速度的变化。气流在风轮平面前的周向速度为零值,流经风轮平面后,具有的周向速度为 $2a'\Omega r$,其相对于叶片的周向速度为 $(1+2a')\Omega r$,其中 Ω 为风轮旋转角速度,r 为风轮径向位置。气流在叶素表面的速度如图 2.1 所示,气流的相对风速 w 为周向相对风速和轴向风速的合成速度。

如图 2.1 所示,在平行于相对风速方向上,叶素受气动阻力 F_D 的作用,在垂直于相对风速方向上,受气动升力 F_L 的作用。两者微分的理论计算公式如式(2-1)所示,式中,C_L 和 C_D 分别为翼形升力系数和阻力系数,c 为叶素弦长。当气流攻角较小时,气动阻力远小于升力,风轮的旋转动力主要由升力提供。在小攻角条件下,忽略气动阻力的作用,对叶素所受的气动升力在风轮旋转切向和风轮轴向进行分解,得到风轮旋转力矩微分 $\mathrm{d}M$ 和风阻推力微分 $\mathrm{d}T$ 的理论表达,如式(2-2)所示。式中,N 为叶片数量,r 为叶素的径向位置,φ 为气流的相对风速角。

$$\begin{cases} \mathrm{d}F_L = \dfrac{1}{2}\rho c w^2 C_L \,\mathrm{d}r \\[2mm] \mathrm{d}F_D = \dfrac{1}{2}\rho c w^2 C_D \,\mathrm{d}r \end{cases} \tag{2-1}$$

$$\begin{cases} \mathrm{d}M = \dfrac{1}{2}\rho c r N w^2 C_L \sin\varphi \,\mathrm{d}r \\[2mm] \mathrm{d}T = \dfrac{1}{2}\rho c N w^2 C_L \cos\varphi \,\mathrm{d}r \end{cases} \tag{2-2}$$

在气流动量变化方面,与叶素对应的风轮面微元如图 2.2 中阴影部分所示。在单位时间内,流经微元气流的体积为 $2\pi r(1-a)v_0\,\mathrm{d}r$,气流流经风轮面后,轴向速度减小量为 $2av_0$,在风轮周向上的速度增量为 $2a'\Omega r$。分别对气流在风轮轴向和周向上的动量变化作理论表达,利用动量定理获取风轮微元的旋转力矩 $\mathrm{d}M$ 和风阻推力 $\mathrm{d}T$,如式(2-3)所示。

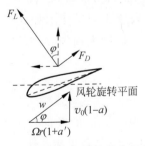

图 2.1　叶素载荷与气流状态示意图

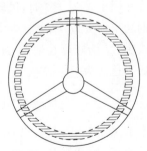

图 2.2　风轮面微元示意图

$$\begin{cases} \mathrm{d}M = 4\pi r^3 \rho v_0 \Omega a'(1-a)\,\mathrm{d}r \\ \mathrm{d}T = 4\pi r \rho v_0^2 a(1-a)\,\mathrm{d}r \end{cases} \tag{2-3}$$

联立式(2-2)与式(2-3)，结合气流速度分量间的关系，可得式(2-4)。参考图 2.1，相对风速角的余切值如式(2-5)所示。结合式(2-4)与式(2-5)，获取气流周向诱导因子 a' 与轴向诱导因子 a 之间的关系，如式(2-6)所示。

$$\cot\varphi = \sqrt{\frac{(1+a')a}{(1-a)a'}} \tag{2-4}$$

$$\cot\varphi = \frac{r\lambda(1+a')}{R(1-a)} \tag{2-5}$$

$$a' = -\frac{1}{2} + \frac{1}{2}\sqrt{1 + \frac{4a(1-a)R^2}{(r\lambda)^2}} \tag{2-6}$$

式中，λ 为风轮的叶尖速比，R 为风轮半径。

风轮微元输出的功率为旋转力矩与旋转角速度的乘积。根据气流动量定理的结果，风轮微元的输出功率表达式为 $\mathrm{d}P = 4\rho\pi r v_0(1-a)a'\Omega^2 r^2\,\mathrm{d}r$。流经风轮微元气流所具有的风能为 $\mathrm{d}E = \rho\pi r v_0^3\,\mathrm{d}r$。风能利用系数 C_P 为风轮输出功率与风能的比值，故风轮微元的风能利用系数为 $\mathrm{d}P/\mathrm{d}E$，其理论表达如式(2-7)所示。

$$C_P = 4(1-a)\left(-\frac{1}{2} + \frac{1}{2}\sqrt{1 + \frac{4a(1-a)R^2}{(r\lambda)^2}}\right)\frac{(r\lambda)^2}{R^2} \tag{2-7}$$

式(2-7)为基于叶素动量基本理论，采用合理的简化和假设，获得的 C_P 沿风轮径向分布的简化表达。从式中可以看出，风轮平面内 C_P 的分布与气流轴向诱导因子、风轮叶尖速比和径向位置有关。贝茨理论指出当气流轴向诱导因子 a 为 1/3 时，风轮具有最佳的风能利用系数 0.593[17]。针对叶尖的功率损失效应，普朗特提出了叶尖损失修正因子 F_a，如式(2-8)所示。式中，N 为叶片数量，φ 为相对风速角。考虑叶尖损失，局部风能利用系数的表达式为 $C_P' = F_a C_P$。

$$F_a = \frac{2}{\pi}\arccos\left(\exp\left(\frac{N(r-R)}{2r\sin\varphi}\right)\right) \tag{2-8}$$

本节采用 Habali 和 Saleh[95] 设计的半径为 5.45m 的风轮为算例，展示理想情况下 C_P 沿风轮展向的分布，该风轮的额定参数见表 2.1[95]。基于该风轮参数，假定风轮在额定工况下取得最佳的风能利用效果，设定轴向诱导因子 a 为 1/3，利用式(2-7)对风轮 C_P 沿径向的分布作定量计算，结果如

图 2.3 所示。

表 2.1　5.45m 半径风轮的额定参数[95]

风轮直径/m	额定风速/(m/s)	额定转速/(r/min)	额定功率/kW	额定叶尖速比
10.9	9.5	75	20	4.5

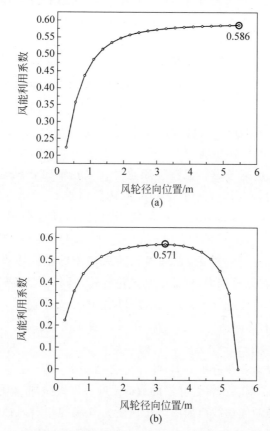

图 2.3　5.45m 半径风轮的风能利用系数沿径向分布图
（a）不考虑叶尖损失修正；（b）考虑叶尖损失修正

　　从图 2.3(a)可以看出，风能利用系数在风轮中心位置较低，随着径向位置的增大，风能利用系数不断升高。C_P 在风轮外围部分远高于风轮中心，表明风轮外围部分对风轮功率输出起主导作用。图 2.3(b)考虑了叶尖功率损失的效应，风能利用系数在叶片尖端 5% 的部分急剧下降。与图 2.3(a)相同，除叶片尖端小范围外，风轮外围大部分区域的风能利用系数远高于风轮中心,在 60% 相对径向位置,风能利用系数达最大值 0.571。从图中可知,无论是否考虑叶尖功率损失,风轮的最大风能利用系数都接近贝茨极限值 0.593,表明当气流轴向诱导因子 a 为 1/3 时,风轮处于高效的风能利用状态。此外,风轮单位径向长度所具有的面积与径向位置呈正比例关系,因此流经风轮中心部分气流具有的总能量低于风轮外围部分。考虑风能利用系数与风能总量的因素,风轮外围部分对风轮功率起主导作用。改变风轮外围部分的气动性能,将有效地改变风轮整体的功率输出能力。

2.2.2　水平轴风机的气动载荷理论

2.2.1 节基于叶素动量理论基本原理,忽略了叶素的气动阻力并设定了轴向诱导因子为最佳值,获取了风能利用系数沿径向分布的理想化模型。本节将建立精确的风轮气动载荷理论模型,进一步研究真实状态下风轮所承受的载荷和功率输出能力。

叶素动量理论考虑气流流经风轮时在风轮轴向和风轮周向的速度变化。分别采用轴向诱导因子 a 和周向诱导因子 a' 表征速度分量的变化。在风轮轴向,气流从无穷远接近风轮,其轴向速度逐渐减小,来流风速为 v_0,经过风轮面时速度减小为 $(1-a)v_0$。如 1.4 节所述,根据气流动量定理与能量守恒定理的推论,在远离风轮后气流的轴向速度进一步减小为 $(1-2a)v_0$。在风轮周向,气流推动风轮旋转,具备了反旋转方向的周向速度。风轮的旋转角速度为 Ω,气流经过风轮的径向位置为 r,远离风轮平面后,气流具备的周向速度为 $2a'\Omega r$,在风轮平面内,气流与叶片切向的相对风速为 $(1+a')\Omega r$。

在叶素气动载荷分析方面,叶片沿展向划分为若干独立的叶素,分析各叶素所受的气动载荷,将各叶素的载荷沿叶片展向叠加,获取风轮的气动载荷。叶素所受的气动载荷如图 2.1 所示。气流的相对风速 w 和相对风速角 φ 分别如式(2-9)和式(2-10)所示。叶素在气流的作用下,承受气动升力和气动阻力,其表达式如式(2-1)所示。叶素气动载荷的合成效果,使得风轮具备了旋转力矩 $\mathrm{d}M$ 和垂直于风轮面的风阻推力 $\mathrm{d}T$。$\mathrm{d}M$ 与 $\mathrm{d}T$ 的理论表达如式(2-11)所示。

$$w = \sqrt{v_0^2(1-a)^2 + \Omega^2 r^2(1+a')^2} \tag{2-9}$$

$$\varphi = \arctan\left(\frac{v_0(1-a)}{\Omega r(1+a')}\right) \tag{2-10}$$

$$\begin{cases} \mathrm{d}M = \dfrac{1}{2}\rho c r N w^2 (C_L \sin\varphi - C_D \cos\varphi)\,\mathrm{d}r \\[2mm] \mathrm{d}T = \dfrac{1}{2}\rho c N w^2 (C_L \cos\varphi + C_D \sin\varphi)\,\mathrm{d}r \end{cases} \tag{2-11}$$

式中,v_0 为来流风速,Ω 为风轮旋转角速度,r 为叶素沿风轮径向的距离,C_L 和 C_D 分别为翼形的升力系数与阻力系数,c 为叶素弦长,N 为叶片数量。

在气流动量变化方面,与叶素对应的风轮面微元如图 2.2 所示。气流流经并远离风轮面后,轴向速度减小量为 $2av_0$,而周向速度增量为 $2a'\Omega r$。根据气流动量定理,风轮所受的轴向推力 $\mathrm{d}T$ 和周向旋转力矩 $\mathrm{d}M$ 如式(2-3)所示。为了表征叶尖的功率损失效应,引入普朗特叶尖损失修正因子,该修正因子如式(2-8)所示。考虑叶尖损失的 $\mathrm{d}T$ 和 $\mathrm{d}M$ 理论公式如式(2-12)所示。

$$\begin{cases} \mathrm{d}M = 4\pi r^3 \rho v_0 \Omega a' (1-a) F_a\,\mathrm{d}r \\[2mm] \mathrm{d}T = 4\pi r \rho v_0^2 a(1-a) F_a\,\mathrm{d}r \end{cases} \tag{2-12}$$

结合叶素气动载荷和气流动量定理的分析结果,气流的相对风速 w、相对风速角 φ、轴向诱导因子 a、周向诱导因子 a'、风轮旋转力矩 $\mathrm{d}M$ 和风阻推力 $\mathrm{d}T$ 等形成了封闭方程组。轴向诱导因子 a 和周向诱导因子 a' 为关键变量。联立式(2-11)和式(2-12),得到风轮径向 r 处,气流诱导因子 a 与 a' 的显式表达,如式(2-13)所示。式中,σ 为风轮局部实度,其计算公式如式(2-14)所示。参考图 2.1,相对风速角 φ 的正弦值与余弦值由轴向相对风速和周向相对风速决定,如式(2-15)所示。翼形的升力系数 C_L 与阻力系数 C_D 由气流攻角 α 决定,气流攻角为气流相对风速角 φ 与叶片桨距角 β 的差值,其表达式如式(2-16)所示。在风轮径向 r 处求解气流诱导因子的基础上,利用式(2-12)对载荷沿风轮径向进行积分运算,获取风轮的旋转力矩 M 与风阻推力 T。

$$\begin{cases} a = \dfrac{1}{\dfrac{4F_a \sin^2\varphi}{\sigma(C_L \cos\varphi + C_D \sin\varphi)} + 1} \\[6mm] a' = \dfrac{1}{\dfrac{4F_a \sin\varphi \cos\varphi}{\sigma(C_L \sin\varphi - C_D \cos\varphi)} - 1} \end{cases} \tag{2-13}$$

$$\sigma = \frac{cN}{2\pi r} \tag{2-14}$$

$$\begin{cases} \sin\varphi = \dfrac{v_0(1-a)}{\sqrt{(\Omega r(1+a'))^2 + (v_0(1-a))^2}} \\[4mm] \cos\varphi = \dfrac{\Omega r(1+a')}{\sqrt{(\Omega r(1+a'))^2 + (v_0(1-a))^2}} \end{cases} \tag{2-15}$$

$$\alpha = \arctan\left(\frac{v_0(1-a)}{\Omega r(1+a')}\right) - \beta \tag{2-16}$$

叶素动量算法的关键在于准确获取气流轴向诱导因子 a 和周向诱导因子 a'。由式(2-13)~式(2-16)可知,诱导因子与中间变量如相对风速角和气流攻角等高度耦合,难以进行显式求解,因此方程求解需要采用迭代计算的方法。根据叶片的几何外形和风轮的工作状态,获取叶片的弦长分布、桨距角分布、叶片数量,来流风速和风轮旋转角速度等输入参数。沿叶片展向进行叶素划分,获取叶素的弦长 c、桨距角 β 和展向位置 r。设定诱导因子初始值 a_0 与 a_0',开始迭代过程。利用式(2-8)、式(2-14)和式(2-15)分别计算风轮局部实度 σ,初始相对风速角 φ_0 与叶尖损失修正因子 $F_{a,0}$。利用式(2-16)计算叶素位置气流的初始攻角 α_0。结合翼形气动参数,获取叶素的升力系数 $C_{L,0}$ 和阻力系数 $C_{D,0}$。以初始中间变量为准,利用式(2-13)更新气流轴向诱导因子 a 与周向诱导因子 a'。在下一迭代步 $n+1$,基于第 n 步诱导因子 a_n 与 a_n' 的结果,重新计算式(2-14)~式(2-16)和式(2-8),获取最新迭代步的中间变量 φ_{n+1}、α_{n+1} 和 $F_{a,n+1}$,翼形升阻力系数由攻角 α_{n+1} 决定。由式(2-13)计算 $n+1$ 步诱导因子 a_{n+1} 与 a_{n+1}'。计算相邻迭代步诱导因子的差值 $a_{n+1} - a_n$ 与 $a_{n+1}' - a_n'$,若差值均小于迭代终止误差,迭代结束,否则进行下一迭代步计算。针对每一叶素开展上述迭代计算,基于各叶素的收敛结果,利用式(2-12)对载荷沿风轮径向进行积分运算,获取风轮的旋转力矩 M 和风阻推力 T。风轮的输出功率 P 为风轮旋转力矩与旋转角度的乘积 ΩM。叶素动量算法的流程如图 2.4 所示。

2.2.3　5MW 风机的风能利用效率分析

2.2.2 节通过叶素动量理论的分析,建立了风轮气动载荷和功率的理论算法。本节利用该算法,以 5MW 风轮为例,计算风轮处于额定运行状态时风轮面内功率的分布。

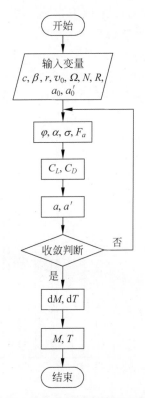

图 2.4　叶素动量理论算法流程图

Jonkman 等人[96]设计了一台额定功率为 5MW 的风机,其风轮半径为 63m,叶片长度为 61.5m,风机的主要参数见表 2.2。Jonkman 等人设计了叶片的弦长和扭角分布,并设定了叶片不同截面的翼形。翼形的升力系数与阻力系数考虑了叶片的失速延迟效应,进行了相应的修正。叶片沿展向划分为 17 段叶素,其中叶片根部和叶片尖端各划分 3 段等长叶素,叶素长度为 2.73m。叶片中段划分 11 段等长叶素,叶素长度为 4.1m。该研究采用插值方法,获取了各叶素端面的桨距角和弦长参数。

表 2.2　5MW 风轮的基本参数[96]

风轮直径 /m	额定风速 /(m/s)	额定转速 /(r/min)	额定功率 /MW	额定叶尖速度 /(m/s)	叶片数量
126	11.4	12.1	5	80	3

　　利用叶素动量理论算法,采用 Jonkman 等人研究中的叶素划分方式,以叶片外形参数和翼形气动参数作为输入,计算 5MW 风轮额定的气动载荷。研究的风轮径向范围为 1.5～63m,与叶素相对应,将风轮沿径向划分为 17 段圆环。其中径向 9.7～54.8m 部分划分为 11 段圆环,其径向长度均为 4.1m,其余风轮部分划分 6 段圆环,圆环径向长度均为 2.73m。理论计算重点关注各圆环的气动载荷和输出的功率,风轮的风阻推力、旋转力矩和输出功率沿径向的分布分别如图 2.5～图 2.7 所示。

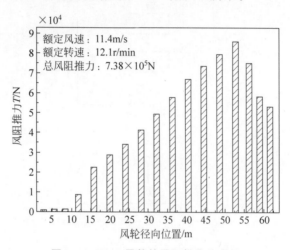

图 2.5　5MW 风轮的风阻推力分布图

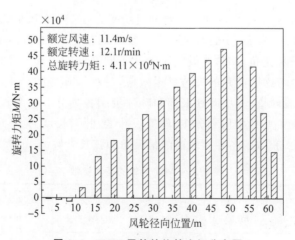

图 2.6　5MW 风轮的旋转力矩分布图

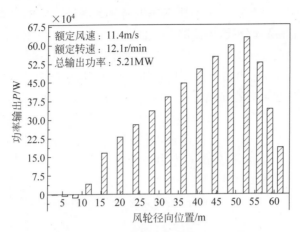

图 2.7　5MW 风轮的输出功率分布图

从图 2.5 可以看出,风阻推力在风轮平面内非均匀分布,沿风轮径向风阻推力不断增大,在径向 52.75m 处达最大值。叶片尖端的气动性能有所下降,风阻推力在风轮外缘有所降低。图 2.6 为风轮旋转力矩的分布图,风轮外围部分气流的相对风速远高于风轮中心部分,因此所受的气动载荷也远高于中心部分,同时气动载荷的作用力臂与径向位置呈正比例关系,因此风轮外围部分的气动旋转力矩远高于风轮中心。从图 2.6 还可以看出,风轮中心部分的 3 个圆环输出反旋转方向的力矩,这是由于该叶片部分的翼形为圆形,气流产生的升力为 0,在气动阻力的作用下,叶片产生了旋转阻力矩。风轮的输出功率分布如图 2.7 所示。从图 2.7 可以看出,风轮在额定工况下的输出功率为 5.21MW。其中,风轮中心部分输出功率较低,风轮径向 1.5~13.11m 部分的功率为 19.78kW。风轮外围部分功率输出较高,风轮径向 50.01~54.11m 部分输出的功率高达 632kW。叶尖位置功率损失明显,风轮最外端 60.26~63m 部分输出功率仅为 186kW。从 5MW 风轮气动载荷的计算结果中不难看出,风轮平面内载荷与功率分布不均匀,风轮外围部分的气动载荷与输出功率远高于风轮中心部分。气流相对叶片的速度、气动载荷的作用力臂和风轮扫风面积随径向位置的变化是气动性能分布不均匀的主要因素。

2.2.4　风轮的功率输出能力分区

从 2.2.1 节可知,理想情况下,风能利用系数在风轮面内分布不均匀。在 60% 风轮相对径向位置,风能利用系数达最大值。在风轮最外缘 5% 范围内,风能利用系数由于叶尖功率损失而显著降低。风轮的能量利用效率呈现中心和外缘部分低,中段部分高的特点。而从 2.2.3 节的计算数据可看出,风轮径向 2.4%～20.8%部分输出功率仅占总功率的 0.38%,风轮最外围 4.34%部分输出功率占总功率的 3.57%,风轮剩余部分输出的功率为 5.00MW,占总功率的 96.05%。风轮中间段部分对风轮功率输出起主导作用,风轮中心部分和最外缘部分为低功率输出区间。

　　以风轮功率输出能力为依据,沿径向对风轮面进行分区,如图 2.8 所示。风轮径向 0%～20%部分为中心低功率输出区,其输出功率占风轮总功率的 3%～5%。中段 20%～90%部分为高功率输出区,其输出功率占总功率的 80%～85%,径向最外缘 10%部分为叶尖功率损失区,其输出功率占总功率的 10%～15%。

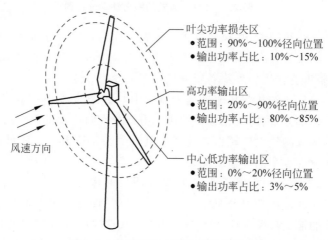

图 2.8　风轮面的功率输出能力分区图

2.3　折叠变桨风轮的概念与原理

　　风轮系统是风机的重要组成部分。变桨型风轮通过主动的叶片变桨,在高风速下同时具备降低风轮气动载荷和稳定功率输出的能力,为当前应用范围最广、最具发展前景的风轮类型。实现风轮高效的功率和载荷控制,同时有效降低变桨结构所承受的载荷,是变桨型风轮设计的两大目标。

　　在风轮载荷控制方面,一些新型风轮结构已经被提出。超轻预弯风轮和变形风轮将叶片展向设计为平行于载荷作用的方向,大幅降低了风轮和轮毂的面外弯矩载荷[5,7,8]。跷跷板风轮增大了风轮的摆动自由度,降低了叶片和轮毂的弯矩载荷和疲劳载荷[10-14]。弯扭耦合叶片风轮利用叶片的面外弯曲变形,产生耦合的扭转变形,从而改变叶片的桨距角。该风轮设计充分利用了叶片的变桨效果,实现了风轮载荷的有效控制,同时也充分利用了定桨风轮结构简单的优势[18]。在风轮功率调节方面,伸缩式叶片风轮利用外围叶片段的伸展和收缩,调节风轮有效的扫风面积,从而改变风轮的功率与气动载荷[28-30]。弯扭耦合叶片风轮和伸缩式叶片风轮均采用叶片与轮毂固定连接的方式,形成了悬臂梁的力学结构。在新型变桨技术方面,分段变桨风轮将变桨系统由叶片根部移至叶片中段,通过减小变桨叶片段的长度,降低变桨结构的载荷,同时充分利用外围叶片段高效的气动调节能力,实现风轮功率和气动载荷的控制[43-45]。分段变桨风轮外围叶片段与根部叶片段仍通过变桨轴承连接,外围叶片段仍呈悬臂梁形式。

本书提出了新型折叠变桨风轮的概念。风轮采用上风向布置,由三叶片组成。叶片分为根部定桨叶片段和外围折叠叶片段,叶片段间由折叠铰链连接,外围叶片段可实现上风向面外折叠,叶片的折叠由折叠变桨轮毂驱动实现。风轮初始锥角为 0°,叶片折叠轴位于风轮面内。叶片折叠轴与该位置处风轮的切向呈一定夹角,该夹角定义为折叠轴倾角 γ,如图 2.9 所示。由于折叠轴倾角的作用,外围叶片段在折叠过程中产生桨距角的变化,叶片折叠的目的之一在于实现外围叶片段的变桨。从原理上分析,折叠变桨风轮为变桨型风轮,折叠轴倾角 γ 决定了叶片折叠角和变桨角的耦合程度,因此折叠轴倾角为风轮的一项重要设计参数。折叠变桨风轮的另一项重要参数为折叠轴的径向位置 r_1,该参数将决定外围折叠叶片段的长度,将影响风轮的功率调节性能。折叠变桨风轮叶片的示意图如图 2.9 所示。折叠轴参数的设计应当使风轮具备高效的功率调节能力。基于 2.2 节风轮面功率输出能力分区的结果,风轮径向 20% ～90% 部分为高功率输出区,调节该风轮部分的功率将有效影响风轮整体的功率输出效果,因此外围折叠叶片段应充分包含该风轮部分,折叠变桨风轮示意图如图 2.10 所示,折叠轴参数的设计将在第 5 章进行详细分析。

不同于常规变桨风轮,折叠变桨风轮通过叶片折叠产生的耦合变桨实现叶片的气动载荷调节。具有耦合效应的跷跷板风轮也采用了叶片摆动角与桨距角耦合的设计[14]。不同的是,折叠变桨风轮采用主动的叶片折叠控制,同时实现风轮的输出功率和气动载荷调节,为一项新的叶片变桨方式。而跷跷板风轮通过叶片桨距角与风轮摆动角的耦合,限制风轮的摆动幅度,

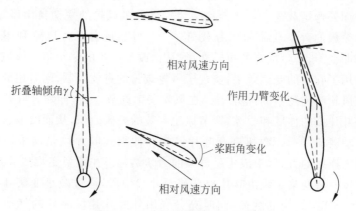

图 2.9　折叠变桨风轮叶片示意图

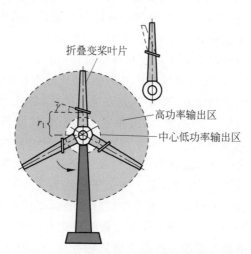

图 2.10　折叠变桨风轮示意图

是一项改进设计。而对于风轮功率和载荷调节,跷跷板风轮仍依靠叶片被动失速或变桨系统。采用叶片折叠变桨的另一项重要目的在于改善变桨结构的受力状态。不同于常规变桨风轮,折叠变桨叶片的变桨过程通过折叠变桨轮毂实现。外围叶片段与根部叶片段通过折叠铰链连接,外围叶片段由支撑杆保持稳定。支撑杆起到分担叶片载荷的作用,叶片的折叠过程通过支撑杆的驱动实现。常规变桨风轮的叶片通过变桨轴承与轮毂连接,形成悬臂梁结构,变桨轴承独立承担来自叶片的所有载荷和传递变桨力矩,处于复杂的受力状态。折叠变桨轮毂将叶片作用在风轮面外的弯矩转化为支撑杆的轴向拉力,降低了折叠铰链的载荷。折叠变桨叶片的概念和折叠变桨轮毂同时实现了叶片有效变桨和变桨结构受力状态改善的两大目标,折叠变桨轮毂的结构形式与设计准则将在第 5 章进行阐述。

2.4　折叠变桨叶片的可行性风洞实验

本节将开展静态叶片的风洞实验,测量叶片的气动载荷,验证折叠变桨风轮功率调节的可行性。

2.4.1　风洞与测量装置

风洞实验使用低速直流式风洞测试平台,风洞由收缩段、测试段、扩散段和风扇区组成。其中,测试段的横截面为 $1m \times 1m$ 的矩形,测试段长度为 $1.5m$,由有机玻璃制造而成。测试段的有效风速区间为 $0 \sim 15m/s$,湍流度小于 1%。测试段顶端安装热膜式风速仪,用于实验过程实时风速的测量。风洞测试平台如图 2.11 所示。

图 2.11　低速直流式风洞测试平台

风洞测试段底面设置了独立的支撑平台,平台表面安装有高精度的静力传感器。折叠变桨叶片根部通过桨距角调节机构与传感器固定连接,叶片直立于支撑平台上。叶片在风洞测试段的安装如图 2.12 所示。气流作用于叶片表面,在叶片根部产生作用力与力矩,通过静力传感器采集叶片根部正交坐标系下三个方向的力和力矩数据。静力传感器参数和热膜式风速传感器参数见表 2.3。通过桨距角调节机构,实现整体叶片的桨距角调节,调节范围为 $0° \sim 360°$,调整精度为 $0.5°$。

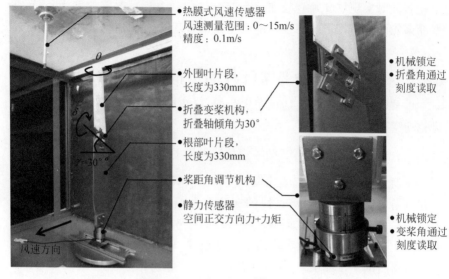

图 2.12　折叠变浆叶片和测试系统

表 2.3　风洞测试平台传感器参数

传　感　器	技　术　指　标
热膜式风速传感器	1. 风速测量范围：$0\sim15\text{m/s}$ 2. 测量精度：0.1m/s
静力传感器	1. 力与力矩测量范围：F_x, F_y：$-80\sim80\text{N}$；F_z：$-240\sim240\text{N}$ 　　T_x, T_y, T_z：$-4\sim4\text{N·m}$ 2. 力与力矩测量精度：F_x, F_y：0.04N；F_z：0.08N 　　T_x, T_y, T_z：0.001N·m

2.4.2　实验叶片与实验方案

实验测试的折叠变浆叶片如图 2.12 所示。叶片由根部定浆叶片段和外围折叠叶片段组成。根部叶片段由厚度为 4mm 的铝合金平板制作而成，起支撑外围叶片段的作用。外围折叠叶片段由商用小型叶片加工而成，为玻璃纤维增强树脂材质。外围叶片段扭角为 0°，具有为非对称翼形。为了使折叠变浆叶片的风洞实验结果具有代表性，根部定浆叶片段与外围折叠叶片段长度均为 330mm，叶片总长度为 660mm。叶片段之间通过折叠变浆机构连接，叶片折叠轴倾角 γ 为 30°。叶片折叠角手动调节，依靠折叠机构锁定，折叠角最小调节量为 0.5°，折叠角标记为 δ。叶片由浆距角调节机构固定于风洞测试段的支撑平台上,与静力传感器连接。通过桨距角调节机构,整体叶片实现变桨,变桨角标记为 θ。

　　风洞实验的目的在于分析叶片折叠对叶片气动载荷的影响。叶片固定于支撑平台上,直立于风洞测试段内。调整叶片的桨距角,保证根部叶片段气流攻角为 0°。风洞实验测试不同折叠角情况下,叶片所承受的气动载荷。叶片折叠角 δ 的研究范围为 $-90°\sim90°$,角度增量为 10°。测试风速分别为 4m/s,6m/s,8m/s 和 10m/s,风洞实验参数见表 2.4。叶片承受的载荷由叶片根部的静力传感器测量。传感器采集的载荷数据将同时包括气动载荷和重力载荷两部分,测量静止空气中叶片的重力载荷,通过作差的方式,间接获取叶片的气动载荷。由于倾斜折叠轴的作用,叶片正向折叠,外围叶片段桨距角增大,气流呈正攻角状态。叶片负向折叠,外围叶片段桨距角减小,气流呈负攻角状态。以风速方向,垂直于地面方向和垂直于风速方向为基准,建立叶片载荷坐标系,其中,垂直于风速方向的力和力矩分量分别标记为 F_L 和 T_L,平行于风速方向的力和力矩分量分别标记为 F_D 和 T_D,叶片载荷分量标记和叶片折叠过程如图 2.13 所示。数据采集频率为 100Hz,稳定状态下采集时间为 5s,之后对采集的数据进行平均化处理。

表 2.4　静态叶片风洞实验参数表

测 试 风 速	叶 片 折 叠 角
4m/s	$-90°\sim90°$,角度间隔 10°
6m/s	$-90°\sim90°$,角度间隔 10°
8m/s	$-90°\sim90°$,角度间隔 10°
10m/s	$-90°\sim90°$,角度间隔 10°

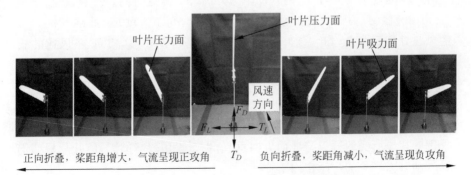

图 2.13　实验叶片折叠变化过程

2.4.3　实验结果与讨论

叶片气动载荷测试结果如图 2.14 所示。图 2.14(a)为 F_L 随折叠角的变化曲线。从图中可以看出,随着风速增大,叶片所受的载荷显著升高,这是由叶片的气动载荷与风速的平方呈正比例关系造成的。当折叠角为 $-10°$ 时,各风速的载荷曲线重合,重合点处 F_L 为 0,说明外围叶片段在折叠角为 $-10°$ 的情况下呈现零升力攻角,叶片仅受气动阻力的作用。随着折叠角的增大,F_L 逐渐增大至最大值,之后出现降低,F_L 最大值出现在折叠角为 20° 的情况。外围叶片段负向折叠,F_L 呈现相同的变化趋势,当折叠角为 $-30°$ 时,F_L 出现最小值,表明当叶片折叠角为 20° 时,外围叶片段表面的气流呈现最大升力攻角,当折叠角大于该值时,外围叶片段进入失速阶段,气流升力逐渐降低。考虑载荷绝对值,叶片负向折叠时具有的最大 F_L 低于叶片正向折叠的情况,这是由外围叶片段的非对称翼形造成的,在正攻角作用下,翼形具有更加良好的升力性能。叶片折叠角度达 90° 和 $-90°$ 时,F_L 处于 0 值附近。在折叠角为 90° 的情况下,外围叶片段展向与水平面平行,气流产生的升力垂直于地面方向,因此 F_L 处于极低水平。

平行于风速方向作用力 F_D 的变化曲线如图 2.14(b)所示。与 F_L 变化趋势相同,随着风速增大,F_D 升高。在各风速下,F_D 最小值对应的折叠角均为 $-10°$。该折叠角与 F_L 为 0 时的折叠角对应。这是由于折叠角为 $-10°$ 时,外围叶片段气流为零升力攻角状态,叶片所受的气动阻力处于非常低的水平。对于叶片正向与负向折叠的情况,F_D 均随折叠角增大而升高,当折叠角为 90° 时,载荷出现最大值。参考图 2.13,叶片折叠后,外围叶片段气流的攻角增大,产生的气动阻力升高,F_D 随之升高。

图 2.14(c)为 T_D 随折叠角的变化曲线。与 F_L 和 F_D 曲线相同,T_D 随风速升高而增大。T_D 随叶片折叠角的变化趋势与 F_L 相同,各风速的载荷曲线在折叠角为 $-10°$ 时重合于 0 值。该变化趋势再次说明了折叠角为 $-10°$ 时,气流在外围叶片段呈现零升力攻角。随折叠角增大,T_D 呈现先增大后减小的变化过程,其峰值出现在折叠角为 20°。当叶片折叠角增大为 90° 时,T_D 减小为最小值。不同于 F_L,T_D 的最小值不为 0。叶片折叠 90°,外围叶片段所受的升力与地面方向垂直,由于作用力臂的因素,叶片根部仍受气动升力产生的弯矩作用。

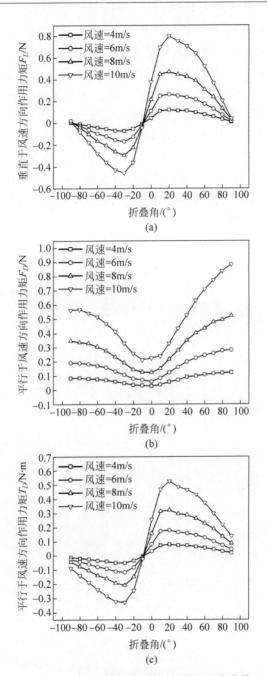

图 2.14　实验叶片根部载荷随折叠角变化曲线

（a）垂直于风速方向作用力 F_L；（b）平行于风速方向作用力 F_D；（c）平行于风速方向作用力矩 T_D

　　由上述分析可知,叶片的折叠显著改变了叶片的气动载荷,并且气动载荷的变化量与叶片的折叠角密切相关。垂直于风速方向的气动作用力 F_L 随叶片折叠角的增大呈现先增大后减小的变化趋势,而平行于风速方向的作用力 F_D 则随折叠角的增大而连续升高。该变化形式与叶片常规变桨过程气动载荷的变化形式相同。风洞实验结果充分说明了外围叶片段在折叠过程中实现了变桨。通过主动调节叶片的折叠角,折叠变桨风轮将具备调节功率与气动载荷的能力。对于折叠变桨叶片,折叠轴倾角为一项关键参数,它决定了叶片折叠角与变桨角的耦合程度。此外,折叠轴径向位置决定了外围折叠叶片段的长度,影响着风轮气动载荷的调节效果,也是折叠变桨叶片的一项重要参数。

第3章　折叠变桨风轮的风洞实验

3.1　引　　言

本章系统介绍了折叠变桨风轮的风洞实验,并对实验结果进行了详细讨论。风洞实验分为静态折叠变桨叶片的风洞实验和折叠变桨风轮的风洞实验。静态叶片的实验测试了叶片的功率调节、旋转启动和气动刹车性能。折叠变桨风轮的风洞实验测试了风轮的功率输出性能,包括风能利用系数曲线和功率调节能力等。本章最后通过理论结合实验的方式,分析了折叠变桨风轮功率调节的原理。

3.2　折叠变桨叶片的风洞实验

本节为静态折叠变桨叶片的风洞实验部分,风洞实验将测试叶片的功率调节、旋转启动和气动刹车性能。实验采用叶片旋转力矩因子和气流推力因子表征叶片的气动载荷。

3.2.1　风洞实验装置及数据处理方法

实验使用的风洞测试平台与 2.4 节相同,风洞测试段横截面为 1m×1m 的矩形,测试段长度为 1.5m,有效的风速范围为 0~15m/s,风洞测试平台如图 2.11 所示。实验叶片与 2.4 节的实验叶片相同,叶片分为外围折叠叶片段与根部定桨叶片段,叶片总长度为 660mm,其中外围叶片段长度为 330mm。外围叶片段具有非对称翼形,且扭角为 0°。外围叶片段与根部叶片段通过折叠机构连接,折叠轴倾角 γ 为 30°。叶片折叠角 δ 手动调节,最小调节量为 0.5°。叶片直立于风洞测试段支撑平台上,通过根部的桨距角调节机构与静力传感器连接,由静力传感器测量叶片的气动载荷。通过桨距角调节机构,整体叶片实现变桨,变桨角 θ 的最小调节量为 0.5°。折叠变桨叶片和载荷测试系统如图 2.12 所示。传感器的坐标系以风速方向、垂直于地面方向和垂直于风速方向为基准,如图 2.13 所示,其测量精度见表 2.3。

在真实的风轮旋转过程中,叶片气动载荷在风轮旋转切向和风轮轴向的分量分别构成了叶片的旋转力矩和气流推力载荷。风洞实验中,传感器采集的静态叶片载荷方向与旋转过程中叶片的有效载荷方向关系如图 3.1 所示。静力传感器采集叶片根部承受的载荷,其中垂直于风速方向的作用力与力矩分别标记为 F_L 和 T_L,平行于风速方向的作用力与力矩分别标记为 F_D 与 T_D。叶片的升阻比为叶片所受气动升力与气动阻力的比值,由式(3-1)计算获取。通常情况,叶片在额定工作状态具备最大的升阻比。叶片的旋转力矩 T_Q 由力矩 T_L 和 T_D 合成。气流推力 F_T 由作用力 F_L 和 F_D 合成。结合图 3.1,叶片旋转力矩 T_Q 和气流推力 F_T 分别由式(3-2)和式(3-3)计算获取。旋转力矩因子 C_Q 和气流推力因子 C_F 分别为表征叶片旋转力矩 T_Q 和气流推力 F_T 的无量纲因子[97]。本节的研究重点为外围叶片段在不同工况下的气动载荷,因此无量纲因子 C_Q 和 C_F 用于表征外围叶片段的气动性能,C_Q 和 C_F 的表达式分别为式(3-4)和式(3-5)。

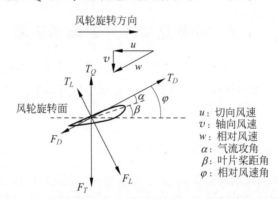

图 3.1　实验测试载荷方向与叶片有效载荷方向示意图

$$\frac{C_L}{C_D} = \frac{F_L}{F_D} \tag{3-1}$$

$$T_Q = T_D \sin\varphi + T_L \cos\varphi \tag{3-2}$$

$$F_T = F_D \sin\varphi + F_L \cos\varphi \tag{3-3}$$

$$C_Q = \frac{2T_Q}{\rho l s w^2} \tag{3-4}$$

$$C_F = \frac{2F_T}{\rho s w^2} \tag{3-5}$$

式中,ρ 为空气密度,为 1.205kg/m³;s 为外围叶片段投影面积,经测定为 0.0284m²;l 为外围叶片段的作用力臂,设定为 0.5m;w 为相对风速;φ 为相对风速角。

风洞实验关注叶片折叠角对叶片功率调节、旋转启动和气动刹车过程的影响。其中,叶片旋转启动与刹车过程为时域上连续的过程,而风洞实验测量静态叶片的载荷数据,因此,对该时域上连续的过程进行离散,获取离散时刻的相对风速和相对风速角等参数。在风洞实验中,以离散时刻的相对风速作为实验风速,测量叶片所受气动载荷,最后以各个离散时刻的实验结果来表示时域上连续变化的过程。风洞实验测量的叶片载荷为重力和气动力的合成载荷,通过测量叶片在静止空气中的载荷,并通过两者作差的方式,间接获取叶片承受的气动载荷。风洞实验关注外围折叠叶片段的气动性能,因此在各工况下,还测量了根部定桨叶片段的气动载荷,利用整体叶片气动载荷与根部叶片段气动载荷的差值,获取外围叶片段在该工况下的气动载荷。需要注意的是,在叶片旋转的过程中,气流的相对风速和相对风速角均与叶片的展向位置有关。而风洞实验仅测量静态叶片的气动载荷,气流的相对风速和相对风速角以叶片展向 0.5m 处作为基准计算获取。定义无量纲因子 C_Q 和 C_F,将外围折叠叶片段的气动载荷无量纲化,等效表达为该叶素的气动性能。C_Q 和 C_F 的表达式分别如式(3-4)和式(3-5)所示,式中参数均以 0.5m 展向位置叶素的参数为基准计算获取。

3.2.2　风洞实验的基本参数

叶片初始桨距角的设定应保证额定工况下的气流具有最佳攻角,叶片呈现最大的升阻比。首先应进行叶片测试,确定外围叶片段升阻比与气流攻角的关系。实验过程中,保证叶片折叠角为 0°,通过叶片根部桨距角调节机构,调节气流的攻角。风洞实验分别获取整体叶片和根部定桨叶片段的气动载荷,通过二者作差的方式,获取外围叶片段所受作用力 F_L 和 F_D。外围叶片段的升阻比 C_L/C_D 由式(3-1)计算获取。气流攻角的研究范围为 0°~20°,角度调节量为 2°。风洞实验设定两组测试风速,分别为 10m/s 和 14m/s。外围叶片段升阻比随气流攻角的变化曲线如图 3.2 所示,图中的关键气动参数见表 3.1。

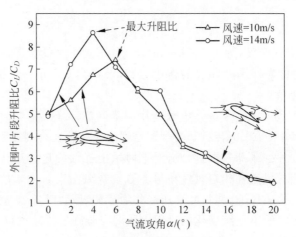

图 3.2　外围叶片段升阻比曲线

表 3.1　外围叶片段气动参数

测试风速/(m/s)	最大升阻比	最佳攻角/(°)
10	7.42	6
14	8.65	4

　　从图 3.2 可以看出，随着气流攻角的增大，外围叶片段升阻比呈现先增大后减小的变化形式，最大升阻比对应的气流攻角为最佳攻角。当气流攻角超过最佳攻角时，叶片进入失速阶段。在风速为 14m/s 的条件下，外围叶片段的最大升阻比为 8.65，对应的最佳攻角为 4°。当风速为 10m/s 时，叶片段的最大升阻比为 7.42，最佳攻角为 6°。基于上述数据，设定外围叶片段最佳攻角为 5°。叶片初始桨距角的设定保证气流在额定工况下具有该最佳攻角，以保证外围叶片段具有较高的升阻比。参考图 3.1，额定工况下，气流的相对风速角 φ 设定为 20°，叶片初始桨距角 β 为相对风速角与最佳攻角的差值，设定为 15°。风洞实验中，相对风速 w 为风洞的测试风速。通过叶片根部桨距角调节机构，调节气流的攻角 α。参考图 3.1，叶片功率调节实验在给定相对风速 w 和相对风速角 φ 条件下，测量叶片折叠角对外围叶片段旋转力矩和气流推力的影响。叶片旋转启动和刹车实验分别在给定轴向风速 v 和叶片折叠角条件下，测量外围叶片段旋转力矩和气流推力在叶片旋转加速和减速过程中的变化，其中，相对风速 w 和相对风速角 φ 由叶片的旋转切向速度 u 和轴向风速 v 决定。

3.2.3 功率调节性能实验

参考图 3.1,假定来流风速 v 超过额定风速,叶片仍以额定转速旋转,气流的相对风速 w 和相对风速角 φ 均超过额定值。在该条件下,通过叶片折叠,减小外围叶片段的气流攻角,调节叶片的气动载荷。实验测量不同折叠角条件下,外围叶片段的旋转力矩和气流推力。作为对比研究,同时开展叶片的变桨测试,获取不同桨距角条件下外围叶片段的旋转力矩与气流推力,对比外围叶片段折叠与变桨在气动载荷调节方面的效果。

在叶片功率调节过程中,气流相对风速角 φ 和相对风速 w 均超过额定值。参考 3.2.2 节,额定状态下气流相对风速角为 $20°$,在功率调节实验中,设定相对风速角 φ 增大为 $27.5°$。参考图 3.1,叶片初始桨距角 β 设定为 $15°$,因此实验中气流攻角 α 设定为 $12.5°$。相对风速 w 设定为恒定值 14m/s。风洞实验以相对风速 w 设定实验风速,通过叶片根部桨距角调节机构,设定气流相对叶片的初始攻角为 α,功率调节实验初始条件如图 3.3 所示。实验对比外围叶片段折叠和变桨两种方式对叶片气动载荷的影响。其中,叶片折叠角调节范围为 $0°\sim35°$,变桨角调节范围为 $0°\sim17.5°$,叶片折叠角调节和桨距角调节过程如图 3.4 所示。表 3.2 为功率调节实验的参数表。风洞实验数据采集与处理方法如 3.2.1 节所述,实验获取外围叶片段在不同折叠角和桨距角条件下的载荷 T_D,T_L,F_D 和 F_L。根据图 3.3 中的参数,以及式(3-2)~式(3-5),计算外围叶片段在不同工况下的旋转力矩因子 C_Q 和气流推力因子 C_F。

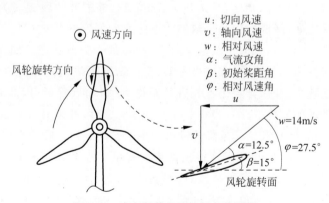

图 3.3 功率调节实验初始条件设置

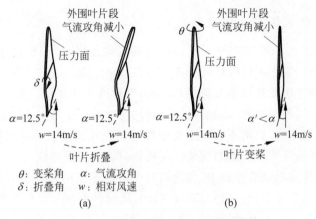

图 3.4　外围叶片段折叠与变桨示意图

（a）外围叶片段折叠；（b）叶片变桨

表 3.2　功率调节实验参数表

外围叶片段调节方式	变桨角	折叠角	相对风速
折叠调节	$0°\sim17.5°$，间隔 $2.5°$	$0°$	14m/s
变桨调节	$0°$	$0°\sim35°$，间隔 $2.5°$	14m/s

外围叶片段 C_Q 随叶片折叠角和变桨角的变化曲线如图 3.5(a)所示。从图 3.5(a)可以看出，在叶片折叠过程中，C_Q 首先随折叠角增大而升高，达最大值后逐渐减小。对于叶片变桨调节，旋转力矩因子具有相同的变化形式。当折叠角为 22.5°、变桨角为 12.5°时，外围叶片段旋转力矩在经历了增大变化后，降低为初始时刻的状态。实验假定叶片进行功率调节时的气流攻角为 12.5°，远大于最佳攻角 5°，叶片处于失速状态。如外围叶片段升阻比曲线图 3.2 所示，在攻角为 12.5°的情况下进行叶片折叠调节，气流攻角逐渐减小，叶片升阻比首先升高至最大值，而后降低，因此 C_Q 出现先增大后降低的变化形式。当折叠角超过 22.5°时，外围叶片段旋转力矩低于初始状态，叶片开始具备降低输出功率的效果。对于叶片变桨调节，当变桨角大于 12.5°时，叶片实现输出功率的降低。在叶片折叠角为 30°、变桨角为 15°的条件下，外围叶片段 C_Q 接近于 0，表明在该条件下外围叶片段停止输出功率。在变桨角为 15°的情况下，叶片表面气流攻角为 −2.5°。参考图 3.2，在该攻角下，气流难以产生气动升力，因此，叶片输出的旋转力矩处于非常低的水平。需要注意的是，风洞实验假定了叶片处于深度失速状态，

连续变桨将使叶片的旋转力矩经历短暂的增大过程。而真实情况中,一旦气流攻角超出一定范围,叶片即开始主动变桨,保证旋转力矩连续下降。从 C_Q 随折叠角的变化可看出,外围叶片段折叠实现了有效的旋转力矩调节。相比叶片变桨方式,其调节灵敏度更低。由于折叠变桨叶片采用折叠和变桨耦合的方式调节叶片桨距角,其桨距角调节的灵敏程度低于变桨方式。图 3.5(b)为外围叶片段气流推力因子 C_F 的变化曲线。随叶片折叠角增大,C_F 连续减小。这是由于在叶片折叠过程中,外围叶片段表面气流的攻角不断减小,气动阻力显著下降。对于叶片变桨调节,外围叶片段的气流推力具有相同的变化趋势。与旋转力矩相同,折叠变桨叶片的气流推力调节灵敏程度低于变桨叶片。

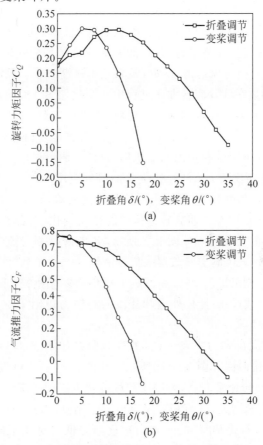

(a)

(b)

图 3.5　功率调节实验外围叶片段气动参数变化曲线

(a) 旋转力矩因子 C_Q 曲线;(b) 气流推力因子 C_F 曲线

3.2.4　启动性能实验

本节实验将测试叶片在静止状态下受气流作用的旋转启动过程。以额定工况参数为基准，设定叶片初始桨距角。叶片在加速旋转过程中，保持折叠角恒定。实验测量了外围叶片段气动载荷随叶片旋转切向速度的变化曲线，对比不同折叠角情况下载荷变化的区别。与功率调节性能实验不同，旋转启动实验研究了叶片加速旋转的连续过程，将叶片旋转启动过程进行时域上的离散，提取若干离散时刻的气流参数，以离散时刻气流的相对风速和相对风速角作为风洞实验的参数，开展风洞实验。基于各离散时刻风洞实验的结果，描述叶片在启动过程中载荷连续变化的过程。

参考图 3.1，风洞实验假定来流风速 v 恒定为 10m/s，根据 3.2.2 节的分析结果，叶片初始桨距角设定为 15°。叶片旋转启动的初始时刻，旋转切向速度 u 为 0，气流攻角 α 为 75°。随着叶片旋转切向速度 u 的增大，相对风速 w 增大，而相对风速角 φ 和气流攻角 α 逐渐减小。风洞实验初始时刻参数和气流参数在叶片旋转加速过程中的变化如图 3.6 所示。由于叶片加速旋转过程为时域上连续的过程，对该过程进行离散，分析离散时刻的旋转切向速度 u，相对风速 w 和气流攻角 α。以离散时刻相对风速 w 设定实验风速，调整叶片根部桨距角的调节机构，保证风洞测试段的气流相对叶片的攻角为离散时刻攻角 α。叶片折叠角的研究范围为 35°～55°，角度增量为5°。针对各折叠角叶片，开展离散时刻的风洞实验，利用离散时刻的实验数据，表征外围叶片段在加速旋转过程中的载荷变化。风洞实验相对风速 w 和气流攻角 α 的变化过程如图 3.7 所示，各离散时刻气流参数和叶片折叠角参数见表 3.3。风洞实验数据采集方法如 3.2.1 节所述。风洞实验获取外围叶片所受作用力 F_L，F_D 和力矩 T_L，T_D，参考图 3.6 和表 3.3 的参数，利用式(3-2)～式(3-5)计算外围叶片段的旋转力矩因子 C_Q 和气流推力因子 C_F。

外围叶片段旋转力矩因子 C_Q 的变化曲线如图 3.8(a)所示，气流推力因子 C_F 的变化曲线如图 3.8(b)所示。从图 3.8(a)中可以看出，对所有折叠角情况，随旋转速度升高，外围叶片段旋转力矩因子降低。参考图 3.7 和图 3.1，随着转速增大，气流相对风速角 φ 逐渐减小，F_L 在风轮旋转面内的分量逐渐减小，因此，叶片的旋转力矩逐渐降低。对比不同折叠角叶片的C_Q 曲线，在叶片旋转的初始时刻，折叠角为 45° 和 50° 情况下，外围叶片段所受的旋转力矩最大。参考图 3.2，随气流攻角减小，外围叶片段升阻比呈

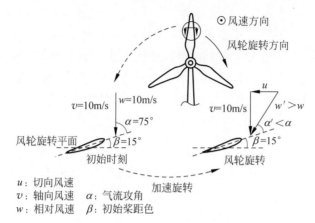

图 3.6　旋转启动实验初始条件设置

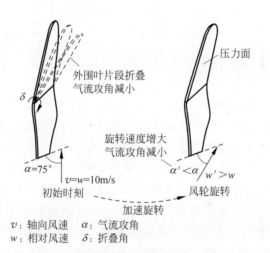

图 3.7　旋转启动实验风速变化示意图

现先增大后减小的形式。在折叠角为 35° 的情况下,叶片旋转的初始时刻,
外围叶片段表面气流攻角大于失速攻角,叶片升阻比较低,叶片承受的旋转
力矩较小。随着折叠角增大,气流攻角逐渐减小。在折叠角为 45°~50° 时,
气流攻角接近最佳攻角,叶片呈现最佳升阻比,气动旋转力矩出现最大值。
当折叠角进一步增大,气流攻角继续减小,叶片升阻比降低,因此当折叠角
为 55° 时,外围叶片段所受旋转力矩有所降低。从图 3.8(b) 可以看出,随着
折叠角增大,外围叶片段的气流推力显著减小。这是由于叶片折叠有效减
小了气流攻角,使得作用在外围叶片段所受的作用力 F_D 降低。在叶片加

速旋转过程中,外围叶片段旋转力矩因子 C_Q 和气流推力因子 C_F 均不断降低。当折叠角为 55°、外围叶片段在旋转初始时刻和旋转切向速度为 5.8m/s 时,C_F 分别为 1.1 和 0.47,相比其他折叠角情况,为最小值。而 C_Q 分别为 0.71 和 0.37,说明外围叶片段具有良好的旋转力矩。通过实验数据分析可知,折叠变桨叶片旋转启动过程的最佳折叠角为 55°。

表 3.3　旋转启动实验参数表

折叠角/(°)	叶片旋转切向速度/(m/s)	相对风速/(m/s)	气流攻角/(°)
35,40,50,55	0.0	10.0	75
35,40,50,55	0.9	10.0	70
35,40,50,55	1.8	10.2	65
35,40,50,55	2.7	10.4	60
35,40,50,55	4.7	11.0	50
35,40,50,55	5.8	11.6	45

3.2.5　气动刹车性能实验

　　本节实验将测试叶片由初始旋转状态通过叶片折叠降低旋转速度的过程。在气动刹车过程中,叶片具有较大的折叠角,外围叶片段气流呈现负攻角状态,作用在外围叶片段的旋转力矩为制动力矩。在风洞实验中,保持叶片折叠角恒定,测量外围叶片段气动载荷在叶片转速降低过程中的变化曲线。与旋转启动实验相同,叶片气动刹车过程为时域上连续的过程,对该连续过程进行离散,获取各离散时刻气流的相对风速和相对风速角等参数。基于各离散时刻的气流参数开展风洞实验,以离散时刻风洞实验的结果描述外围叶片段在刹车过程中气动载荷的连续变化。

　　风洞实验假定来流风速 v 恒定为 10m/s,在气动刹车的初始时刻,叶片的旋转切向速度 u 设定为 10m/s。参考图 3.1,气流的相对风速角 φ 为 45°,相对风速为 14.1m/s。基于 3.2.2 节的结果,叶片初始桨距角设定为 15°,因此气动刹车初始时刻气流的攻角 α 为 30°。随着叶片转速的降低,叶片旋转切向速度 u 和相对风速 w 逐渐减小,而气流的相对风速角 φ 和攻角 α 逐渐增大。风洞实验初始状态参数和气流参数在刹车过程中的变化如图 3.9 所示。由气动刹车的初始时刻起,提取若干离散时刻,分析各离散时刻叶片的旋转切向速度 u,气流的相对风速 w,相对风速角 φ 和攻角 α。针对每一离散时刻开展叶片的风洞实验,以相对风速 w 设定实验风速,调整

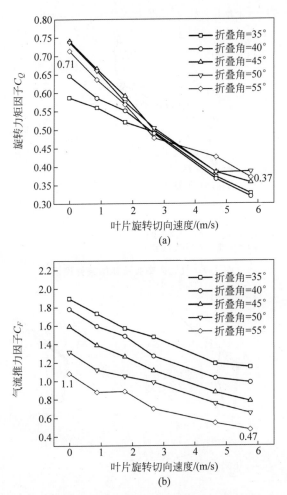

图 3.8　旋转启动实验外围叶片段气动参数变化曲线(前附彩图)
(a) 旋转力矩因子 C_Q 曲线；(b) 气流推力因子 C_F 曲线

叶片根部桨距角调节机构,保证气流攻角为该离散时刻的攻角 α。风洞实验测量了不同折叠角条件下外围叶片段的气动载荷,折叠角的研究范围为 $90°\sim105°$,角度增量为 $5°$。对各折叠角叶片开展离散时刻的风洞实验,利用离散时刻风洞实验的结果描述气动刹车的连续过程。风洞实验相对风速 w 和气流攻角 α 的变化如图 3.10 所示,离散时刻气流参数及叶片折叠角参数见表 3.4。实验数据采集方法如 3.2.1 节所述,风洞实验获取外围叶片段的载荷数据,参考图 3.9 和表 3.4 的参数,利用式(3-2)~式(3-5)计算外围叶片段旋转力矩因子 C_Q 和气流推力因子 C_F。

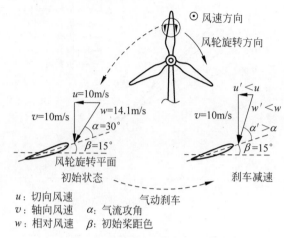

图 3.9　气动刹车实验初始条件设置

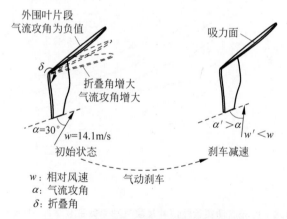

图 3.10　气动刹车实验风速变化示意图

表 3.4　气动刹车实验参数表

折叠角/(°)	叶片旋转切向速度/(m/s)	相对风速/(m/s)	气流攻角/(°)
90,95,100,105	10.0	14.1	30
90,95,100,105	8.4	13.1	35
90,95,100,105	5.8	11.5	45
90,95,100,105	3.6	10.6	55
90,95,100,105	1.8	10.2	65

外围叶片段旋转力矩因子 C_Q 随叶片旋转切向速度的变化曲线如图 3.11(a) 所示,气流推力因子 C_F 的变化曲线如图 3.11(b) 所示。在气动刹车过程中,叶片的折叠使得外围叶片段气流具有负攻角,因此 C_Q 为负值。从图 3.11(a) 中可以看出,对于所有折叠角情况,C_Q 均随叶片转速的降低而逐渐减小。参考图 3.9,随叶片转速降低,外围叶片段的相对风速 w 减小,同时气流的攻角逐渐增大为 $0°$,两者共同作用使得外围叶片段的制动力矩在气动刹车过程中不断减小。在气动刹车的初始时刻,不同折叠角叶片具有相当的制动力矩。在折叠角为 $90°$ 和 $105°$ 情况下,外围叶片段的旋转力矩因子 C_Q 分别为 -0.34 和 -0.31。而当叶片旋转切向速度降低为 $1.8\,\mathrm{m/s}$,叶片折叠角为 $90°$ 情况下,外围叶片段的旋转力矩因子仅为 -0.13,低于折叠角为 $105°$ 的情况。从图 3.11(b) 中可看出,随着叶片转速的降低,外围叶片段的 C_F 逐渐下降。与旋转力矩相同,气流推力的降低是由叶片转速降低过程中,相对风速的减小和气流攻角逐渐增大至 $0°$ 造成的。对比不同折叠角叶片的 C_F 曲线,随着折叠角增大,外围叶片段的气流推力增大。参考图 3.10,增大叶片折叠角,外围叶片段气流攻角的绝对值增大,气流产生的载荷 F_D 升高,由式(3-3)可知,外围叶片段所受的气流推力也随之增大。折叠角为 $90°$ 的情况下,外围叶片段具有最小的气流推力,在气动刹车的初始时刻和切向速度降低为 $1.8\,\mathrm{m/s}$ 时,气流推力因子分别为 0.13 和 -0.01。折叠角为 $90°$ 的情况下,外围叶片段在气动刹车过程中具备良好的制动力矩,所承受的气流推力处于较低水平,所以折叠变桨叶片气动刹车过程的最佳折叠角为 $90°$。

3.2.6　小结

本节展示了静态叶片的风洞实验结果,包括叶片功率调节性能,旋转启动性能和气动刹车性能。实验结果证明了外围叶片段折叠具备降低旋转力矩和气流推力的能力,并展示了外围叶片段在旋转启动过程和气动刹车过程中载荷的变化。

在真实的风轮旋转过程中,由于风轮旋转切向速度随径向位置增大而升高,气流的相对风速和相对风速角沿径向均发生了变化。此外,气流推动风轮做功,使风轮轴向上的速度降低,切向上的速度增大。这些因素在本节实验中尚未考虑,3.3 节将介绍折叠变桨风轮的功率测试实验,进一步展示折叠变桨风轮的功率调节性能。

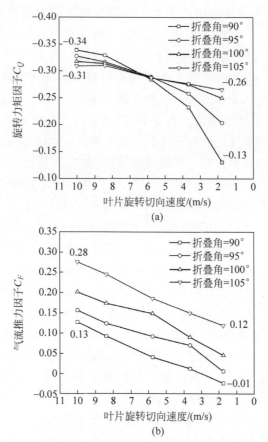

图 3.11　气动刹车实验外围叶片段气动参数变化曲线

（a）旋转力矩因子 C_Q 曲线；（b）气流推力因子 C_F 曲线

3.3　折叠变桨风轮的功率输出性能实验

　　叶片折叠的主要目的是实现高风速下功率的调节和转速的控制。本节介绍折叠变桨风轮功率调节实验，以风能利用系数和叶尖速比描述风轮的功率输出性能。本节也将对比不同折叠角风轮的功率输出特性，并进一步分析风洞实验数据，获取风轮在恒功率输出过程中叶片折叠角与风速的对应关系。

3.3.1　机械功率测量平台与实验风轮

实验使用的风洞测试平台与 3.2 节相同，为低速直流型风洞。风洞测试段横截面为 1m×1m 矩形，测试段长度为 1.5m，有效风速范围为 0～15m/s。风洞实验平台如图 2.11 所示。

风轮的机械功率测量平台如图 3.12 所示。功率测量平台由支撑台架、传动主轴、扭矩-转速集成传感器和制动系统组成。主轴、集成传感器和制动器相互连接，固定于台架上。折叠变桨风轮与主轴末端连接，气流带动风轮旋转，通过主轴将风轮的旋转力矩传递至集成传感器和制动器，由制动器提供制动力矩，维持风轮的稳定旋转，并由传感器测量风轮实时的转矩和转速。制动系统由磁粉制动器和电流源组成。磁粉制动器的制动力矩由工作电流决定，手动调节电流源输出的电流，控制制动器输出的制动力矩，从而调节风轮的转速。测量平台的主轴高度为 0.5m，为了最大程度降低台架对气流的影响，风轮面与台架端面的距离为 0.25m。风轮安装于风洞测试段的中心线上，以减小测试段壁面对气流的影响，风轮面与测试段入口距离为 0.5m。风轮和功率测量平台在风洞测试段的安装位置如图 3.13 所示。集成传感器数据采集频率为 2Hz，扭矩测量精度为 0.006N·m，转速测量精度为 6r/min。

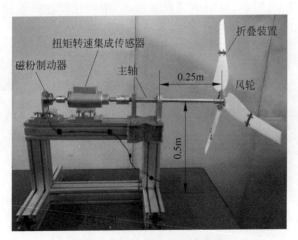

图 3.12　风轮机械功率测量平台

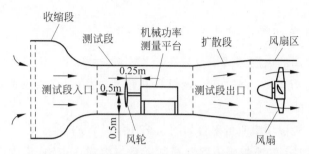

图 3.13 风轮在风洞测试段的安装位置示意图

实验测试的折叠变桨风轮如图 3.14 所示。风轮由三只折叠变桨叶片组成,为了保证折叠变桨风轮具有代表性,根部定桨叶片段长度设计为 0.18m,外围折叠叶片段长度设计为 0.17m,风轮直径为 0.8m。折叠变桨叶片由商用小型叶片改造而成,叶片沿展向的翼形、弦长和扭角均发生变化。通过激光扫描的方式获取了实验叶片详细的几何参数,部分叶片截面的翼形、弦长和扭角参数如图 3.15 所示。根部叶片段与外围叶片段通过折叠装置连接,折叠轴倾角 γ 为 30°,叶片折叠角手动调节,并通过折叠装置实现折叠角的固定,折叠角 δ 的最小调节量为 5°。风洞实验中,三只叶片具有相同的折叠角。折叠变桨叶片材料为工程塑料,折叠装置由结构钢加工而成。由于倾斜折叠轴的作用,外围叶片段的折叠产生变桨效果。叶片的侧视图如图 3.16 所示,从图中可以看出,外围叶片段在折叠过程中的桨距角发生了变化。

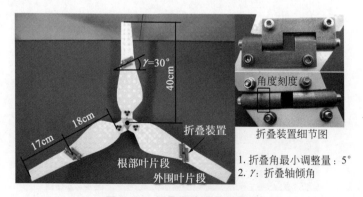

图 3.14 折叠变桨风轮实物图

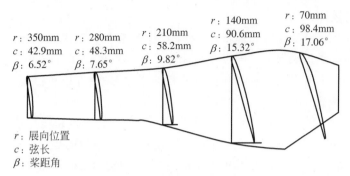

r：展向位置
c：弦长
β：桨距角

图 3.15　折叠变桨叶片几何参数

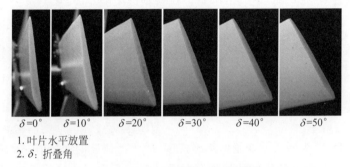

$\delta=0°$　　$\delta=10°$　　$\delta=20°$　　$\delta=30°$　　$\delta=40°$　　$\delta=50°$

1. 叶片水平放置
2. δ：折叠角

图 3.16　不同折叠角叶片侧视图

3.3.2　数据处理方法

　　风洞实验采集风轮输出的旋转力矩 M 和风轮转速 n，采用无量纲参数对风轮的功率输出能力进行表征。风能利用系数 C_P 为风轮的输出功率与流经风轮面气流动能的比值，代表了风轮的风能利用效率。叶尖速比 TSR 为风轮叶尖旋转切向速度与来流风速的比值，代表了风轮的相对旋转速度，也间接描述了气流的相对风速角。风轮的输出功率 P、风能利用系数 C_P 和叶尖速比 TSR 分别由式(3-6)～式(3-8)计算获取[17]。

$$P = \frac{1}{30}\pi n M \tag{3-6}$$

$$C_P = \frac{2P}{\rho A v^3} \tag{3-7}$$

$$\text{TSR} = \frac{\pi n D}{60 v} \tag{3-8}$$

式中，ρ 为空气密度，为 1.205kg/m^3，A 为风轮扫风面积，D 为风轮直径，v

为来流风速。

作为折叠变桨风轮的特性，风轮直径 D 和扫风面积 A 均随叶片折叠角增大而减小。为保证不同折叠角风轮的功率输出性能具有可比性，实验数据处理时未考虑风轮直径和扫风面积的变化，风轮直径和扫风面积以未折叠风轮参数为基准。

风洞实验在风轮稳定运行时采集风轮的旋转力矩和转速信号，采集的旋转力矩与转速数据具有一定的不确定度，经过后续的数据处理，获得的结果同样存在不确定性。采用 Moffat[98] 提出的实验数据不确定度计算方法，对风轮输出功率 P、风能利用系数 C_P 和叶尖速比 TSR 的不确定度进行计算。该计算方法将所有独立变量的测量精度考虑在内，其表达式如式(3-9)所示。经过计算，对于本节所有的风洞实验，风轮输出功率 P、风能利用系数 C_P 和叶尖速比 TSR 的不确定度范围分别为 $1.4\%\sim11.2\%$，$1.1\%\sim7.2\%$ 和 $1.3\%\sim6.4\%$。

$$\frac{\delta R}{R} = \frac{\sqrt{\left(\frac{\partial R}{\partial x_1}\delta x_1\right)^2 + \left(\frac{\partial R}{\partial x_2}\delta x_2\right)^2 + \cdots + \left(\frac{\partial R}{\partial x_n}\delta x_n\right)^2}}{R} \tag{3-9}$$

式中，$\delta R/R$ 为所研究变量的不确定度，R 为所研究的变量值，$\partial R/\partial x_n$ 为所研究变量与独立变量间的偏微分关系。δx_n 为独立变量的不确定度，由传感器测量精度决定。

风洞实验平台具有封闭式测试段，因此当风轮扫风面积与测试段截面积的比例超过 10% 时，风洞实验数据需进行修正。Ryi 等人[88]对扫风面积比例为 48.05% 风轮的实验结果进行了修正，并与开口式风洞测试结果进行了比较，结果证明了风洞实验数据修正方法的正确性。实验风轮直径为 $0.8\mathrm{m}$，风轮扫风面积与风洞测试段截面积比例为 50.3%，采用 Ryi 等人提出的风洞实验数据修正方法，计算修正因子 f。经过计算，修正因子的最大值为 1.038。风轮的风能利用系数 C_P 和叶尖速比 TSR 的修正公式分别如式(3-10)和式(3-11)所示[88]。经过修正，C_P 和 TSR 的最大减小量分别为 10.6% 和 3.7%。

$$C'_P = \frac{C_P}{f^3} \tag{3-10}$$

$$\mathrm{TSR}' = \frac{\mathrm{TSR}}{f} \tag{3-11}$$

式中，C_P 和 TSR 分别为原始的风能利用系数和叶尖速比，f 为风洞实验数据修正因子,C_P' 和 TSR$'$ 分别为修正后的风能利用系数和叶尖速比。

3.3.3　零折叠角风轮的功率输出性能实验

本节测试零折叠角风轮的风能利用系数曲线,分析风轮输出功率与转速间的关系,为后续折叠风轮的功率测试实验提供基础。风洞实验中,通过调节磁粉制动器的工作电流,调节风轮的制动力矩,控制风轮以设定转速运行。在风轮稳定运行阶段,采集风轮的旋转力矩与转速数据,经过后续数据处理,获得该稳定状态下风轮的风能利用系数和叶尖速比。

实验设定 5 组测试风速,分别为 4m/s,5m/s,6m/s,7m/s 和 8m/s。基于测量的风轮旋转力矩 M 和转速 n,利用式(3-6)～式(3-8)计算风轮的风能利用系数 C_P 和叶尖速比 TSR,数据处理考虑了风洞实验数据的修正。零折叠角风轮的风能利用系数曲线如图 3.17 所示。从图中可以看出,随风速增大,风能利用系数升高。当风速为 4m/s 时,风轮的最大 C_P 值为 0.20,而当风速增大至 5m/s,6m/s,7m/s 和 8m/s 时,最大 C_P 值分别上升为 0.21,0.22,0.23 和 0.23。不同叶尖速比风轮的风能利用系数见表 3.5,从表中数据可以看出,在相同叶尖速比条件下,风轮的 C_P 值随风速增大而升高。Monteiro 等人[94],以及 Cho 和 Kim[99] 的研究同样证明了风能利用系数随风速升高而增大的关系。随着风速升高,叶片表面气流的雷诺数增大。在小攻角范围内,翼形的升力系数随着气流雷诺数的增大而升高[100-102]。因此,在高雷诺数条件下,叶片发挥出更加出色的升阻比性能,表现出更加优异的功率输出能力。

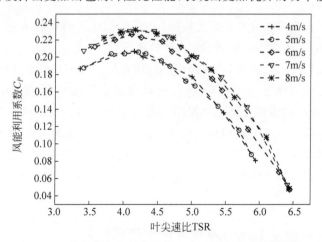

图 3.17　零折叠角风轮的风能利用系数曲线(前附彩图)

表 3.5　零折叠角风轮的风能利用系数数据

TSR	C_P				
	风速＝4m/s	风速＝5m/s	风速＝6m/s	风速＝7m/s	风速＝8m/s
3.8	0.20	0.20	0.22	0.22	0.23
4.2	0.20	0.21	0.22	0.23	0.23
4.6	0.19	0.19	0.21	0.22	0.22
5.0	0.18	0.17	0.19	0.20	0.20
5.4	0.14	0.14	0.17	0.18	0.18
5.8	0.10	0.10	0.12	0.14	0.14

　　从风能利用系数 C_P 与叶尖速比 TSR 的关系来看,随着叶尖速比的降低,风轮的风能利用系数首先升高至最大值,而后降低。实验中,风轮在最高转速条件下为自由旋转状态,磁粉制动器的制动力矩处于极低水平,叶片表面气流的攻角接近于 0°,叶片输出功率较低。逐步增大磁粉制动器的制动力矩,风轮转速逐渐降低,叶片表面气流攻角增大,风轮的旋转力矩升高,输出的功率逐渐增加,因此风能利用系数随转速降低而升高。风轮输出功率为旋转力矩和旋转角速度的乘积,因此随着风轮转速的不断降低,C_P 升高至最大值后出现下降。从图 3.17 中可以看出,在风速为 4m/s 条件下,实验未能采集到 TSR 低于 3.37 时的风轮转矩和转速数据。在风洞实验中,增大制动力矩,风轮 TSR 降低至 3.37 时,风轮的转速连续降低,最终停止转动,风轮无法维持稳定的旋转,该非稳定状态是由叶片的失速现象造成的。为了直观分析叶片的失速效应,将风轮的旋转力矩随转速变化曲线绘于图 3.18。从图中可以看出,随着转速降低,风轮的旋转力矩连续增大。当转速降低至极限转速,叶片表面气流攻角增大至失速攻角,风轮输出最大旋转力矩。当转速进一步降低,气流攻角超过失速攻角,叶片进入失速状态,气流在叶片表面逐渐发生流动分离现象,产生的升力下降,风轮的旋转力矩随之降低。实验采用恒定的制动力矩,在叶片失速阶段,风轮转速的降低进一步加深了叶片的失速程度,风轮的旋转力矩进一步下降。因此当风轮的叶尖速比低于极限值时,风轮逐渐失去旋转动力,最终停止旋转,该过程为非稳定过程。

3.3.4　折叠变桨风轮的功率输出性能实验

　　本节风洞实验将测量折叠变桨风轮的输出功率和转速数据,获取风轮

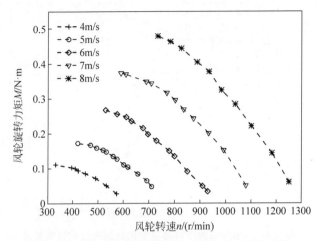

图 3.18　零折叠角风轮旋转力矩随转速的变化曲线

的风能利用系数曲线。对比不同折叠角风轮的风能利用系数曲线,分析叶片折叠角对风轮功率输出性能的影响。

　　风洞实验将叶片折叠角分为 5 组,分别为 $0°,10°,20°,30°$ 和 $40°$。实验风速范围为 $4\sim8\text{m/s}$,风速增量为 1m/s。在每一风速下,均开展风轮的功率测试实验。与 3.3.3 节相同,实验测量风轮的旋转力矩与转速数据,经过后续数据处理,以风能利用系数曲线表征风轮的功率输出性能。8m/s 风速下,折叠变桨风轮的风能利用系数随叶尖速比变化曲线如图 3.19 所示。与零折叠角风轮相同,折叠变桨风轮 C_P 随 TSR 降低呈现先升高后下降的变化趋势。当 TSR 低于极限值时,风轮出现叶片失速的现象。对比不同折叠角风轮的 C_P 曲线,风能利用系数 C_P 和叶尖速比 TSR 均随折叠角的增大而降低。对于零折叠角风轮,C_P 最大值为 0.23,对应的叶尖速比为 4.17。当叶片折叠角增大为 $10°,20°,30°$ 和 $40°$ 时,风轮 C_P 的最大值分别降低为 $0.16,0.12,0.072$ 和 0.04,叶片折叠 $40°$,最大风能利用系数减小了 82.8%。对于零折叠角风轮,有效 TSR 范围为 $3.71\sim6.45$,而对于折叠角为 $10°,20°,30°$ 和 $40°$ 的情况,风轮有效 TSR 区间分别减小至 $2.69\sim5.39$,$2.51\sim4.37$,$2.05\sim3.44$ 和 $1.36\sim2.55$。对于风速为 $4\text{m/s},5\text{m/s},6\text{m/s}$ 和 7m/s 的实验,风轮的风能利用系数曲线具有相同的变化趋势。表 3.6 列出了 $4\sim7\text{m/s}$ 风速条件下,折叠变桨风轮最大 C_P 与有效 TSR 的数据。风洞实验结果充分表明,外围叶片段折叠同时降低了风轮的风能利用系数和叶尖速比。

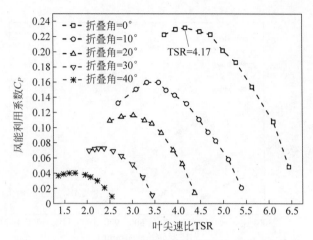

图 3.19　8m/s 风速下折叠变桨风轮的风能利用系数曲线

表 3.6　折叠变桨风轮的最大风能利用系数与有效叶尖速比数据

折叠角 /(°)	风速＝4m/s		风速＝5m/s		风速＝6m/s		风速＝7m/s	
	$C_{P\,max}$	TSR	$C_{P\,max}$	TSR	$C_{P\,max}$	TSR	$C_{P\,max}$	TSR
0	0.207	3.37～5.94	0.206	2.94～5.88	0.226	3.58～6.45	0.230	3.42～6.41
10	0.134	2.48～4.68	0.142	3.03～4.97	0.151	2.84～5.07	0.160	2.62～5.25
20	0.098	2.33～3.92	0.102	2.12～4.04	0.110	2.12～4.21	0.118	2.12～4.34
30	0.061	1.87～2.99	0.064	1.96～3.18	0.068	1.92～3.28	0.074	1.93～3.45
40	0.035	1.07～2.12	0.037	1.21～2.29	0.038	1.17～2.43	0.041	1.26～2.55

　　风能利用系数曲线的变化规律表明,通过改变叶片折叠角,折叠变桨风轮在高风速下具备限制功率增大和转速升高的能力。由式(3-8)可知,风轮的叶尖速比与风速呈反比例关系。参考图 3.19,零折叠角风轮在 TSR 为 4.17 时具有最高的风能利用系数,当风速增大,为了维持恒定的风轮转速,风轮的叶尖速比逐渐减小。当叶尖速比低于 3.71 时,叶片发生失速现象,风轮失去旋转动力,逐渐停止转动。在该叶尖速比,10°折叠角风轮处于稳定运行状态,其风能利用系数仅为 0.13,远低于零折叠角风轮。风速升高增大了气流的能量,风能利用系数的降低限制了风轮在高风速下输出功率的升高。在极端风速下,外围叶片段折叠 40°,风轮的风能利用系数低于 0.04,风能利用能力处于极低水平。上述实验数据分析表明,通过合理的叶片折叠角调节,折叠变桨风轮在高风速下将具备维持恒定功率和转速的能力。

3.3.5　折叠变桨风轮的恒功率调节实验

高风速下合理调节叶片的折叠角,将调整风轮捕获风能的能力,实现风轮输出恒定功率和稳定转速的目标。本节结合风洞实验与理论分析,模拟折叠变桨风轮在高风速下输出恒定功率的过程。首先展示零折叠角风轮的功率测试结果,确定风轮的额定参数,接下来将开展不同折叠角风轮的风洞实验,获取风轮的功率输出曲线。最后通过理论分析,获取风轮维持额定转速和额定功率时叶片折叠角与风速间的关系。

零折叠角风轮输出功率与转速的关系曲线如图 3.20 所示,实验风速范围为 4.0~8.0m/s。为保证后续实验风速处于风洞平台的有效风速范围内,风轮的额定风速设定为 6m/s。在该风速下,风轮最大输出功率为15.83W,对应的风轮转速为 610r/min,该功率与转速分别设定为额定功率与转速。对图 3.20 中的曲线进行插值计算,获取转速为 610r/min 时,风轮在各风速下的输出功率。当风速达 8.0m/s 时,未能在 610r/min 转速附近测得有效的功率数据,在该风速和转速条件下,叶片进入失速状态,风轮无法稳定运行。图 3.21 为 10°,20°,30°和 40°折叠角风轮的功率曲线。对各图曲线进行插值计算,获取转速为 610r/min 时风轮的输出功率。在 610r/min 的转速条件下,不同折叠角风轮的输出功率数据见表 3.7。

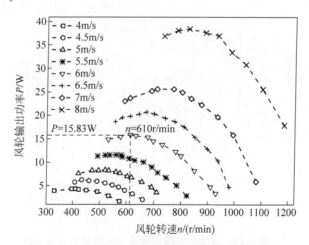

图 3.20　零折叠角风轮输出功率随转速变化曲线

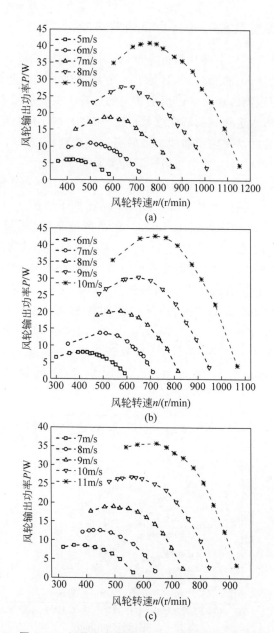

图 3.21　折叠变桨风轮输出功率随转速变化曲线

（a）折叠角＝10°；（b）折叠角＝20°；（c）折叠角＝30°；（d）折叠角＝40°

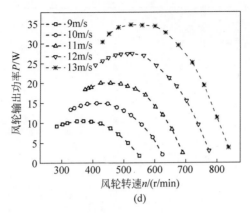

图 3.21　（续）

表 3.7　折叠变桨风轮 610r/min 恒转速运行的功率数据

折叠角 /(°)	1#		2#		3#		4#	
	风速 /(m/s)	功率/W	风速 /(m/s)	功率/W	风速 /(m/s)	功率/W	风速 /(m/s)	功率/W
0	4.5	3.56	5.0	6.87	6.0	15.83	7.0	23.67
10	6.0	8.52	7.0	18.27	8.0	26.96	9.0	35.41
20	7.0	10.72	8.0	19.39	9.0	30.00	10.0	39.42
30	8.0	5.63	9.0	16.25	10.0	25.96	11.0	35.66
40	10.0	4.09	11.0	13.38	12.0	23.96	13.0	33.94

　　基于表 3.7 的数据,在恒定转速 610r/min 条件下,不同折叠角风轮输出功率随风速的变化曲线如图 3.22 所示。从图中可以看出,零折叠角风轮的有效运行风速范围为 4.5～7.0m/s,当风速超过额定风速 6.0m/s 时,风轮不具备限制功率增加的能力,当风速达到 7.0m/s 时,输出功率为 23.67W,高于额定功率 15.83W。图中的水平线为风轮额定功率线,该线与各折叠角风轮的功率输出线相交。通过插值计算,获取交点的风速值,并将数据列于表 3.8 中。表 3.8 的数据为折叠变桨风轮恒功率输出时,叶片折叠角与风速之间的对应关系。采用多项式拟合方法,对表 3.8 数据进行拟合,结果如式(3-12)所示。该式为实验风轮在 6.00～11.23m/s 风速区间、输出恒定功率为 15.83W 和以恒定转速 610r/min 运行时,叶片折叠角的调节准则。

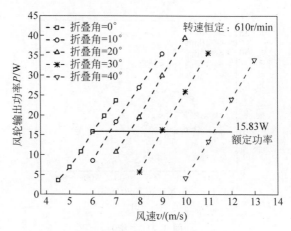

图 3.22　折叠变浆风轮输出功率随风速变化曲线

表 3.8　15.83W 恒功率输出条件下叶片折叠角与风速数据

参 数 类 型	参　　　数　　　值				
风速/(m/s)	6.00	6.74	7.58	8.95	11.23
折叠角/(°)	0	10	20	30	40

$$\delta = 0.144v^3 - 4.906v^2 + 59.117v - 209.343 \tag{3-12}$$

式中，δ 为叶片折叠角，v 为风速。

折叠变浆风轮功率调节曲线和叶片折叠角调节曲线如图 3.23 所示。风轮的转速恒定为 610r/min，4.5～6.0m/s 风速范围内，风轮处于欠功率

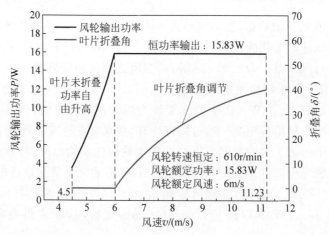

图 3.23　折叠变浆风轮功率调节曲线与折叠角调节曲线（前附彩图）

输出阶段,输出功率随风速升高而增大。当风速达到 6m/s 时,风轮的输出功率达额定值 15.83W。当风速超过额定风速,外围叶片段将进行折叠控制,限制风轮功率的进一步升高,维持其处于额定值 15.83W,叶片折叠角与风速的关系如式(3-12)所示。对比图 3.22 与图 3.23,相比零折叠角风轮的有效工作风速 4.5~7m/s,通过叶片折叠角的合理调节,折叠变桨风轮有效的工作风速范围扩大至 4.5~11.23m/s,并且在风速超过额定值的情况下,风轮输出功率稳定于额定功率 15.83W。

3.4　折叠变桨风轮的功率调节原理

从图 3.19 可以看出,随着外围叶片段的折叠,风轮的风能利用系数 C_P 显著下降。由于倾斜的折叠轴,外围叶片段在折叠过程中产生了变桨效果,叶片表面气流的攻角减小,叶片的气动性能降低。叶片折叠产生的气动性能下降是折叠变桨风轮功率调节的一项重要因素。作为折叠变桨风轮的一项特性,叶片折叠减小了风轮的扫风面积,流经风轮气流的风能总量随之降低。风轮扫风面积变化是风轮功率调节的另一项因素。

折叠变桨风轮的有效直径与扫风面积可采用向量运算的方式获取。设定叶片展向为 z 方向,风速方向为 y 方向,风轮旋转切向为 x 方向,建立空间坐标系。外围叶片段长度向量表达为 $r_2=[0\ \ 0\ \ r_2]^T$,r_2 为外围叶片段的长度。外围叶片段折叠后,其长度向量 r_2' 的表达如式(3-13)所示。折叠轴径向位置表达为向量 $r_1=[0\ \ 0\ \ r_1]^T$,r_1 为折叠轴沿风轮径向的位置。叶片折叠后,叶片尖端的空间坐标表达为 $r'=r_1+r_2'$,风轮有效直径为 $2\sqrt{r_{(1)}'^2+r_{(3)}'^2}$。实验风轮的折叠轴径向位置 r_1 为 0.23m,外围折叠叶片段长度 r_2 为 0.17m,折叠轴倾角 γ 为 30°。基于上述风轮参数,计算 0°~40° 折叠角风轮的有效直径与扫风面积,计算结果如图 3.24 所示。

$$r_2'=\begin{bmatrix}(1-\cos\delta)\sin\gamma\cos\gamma\\\cos\gamma\sin\delta\\\sin^2\gamma+\cos^2\gamma\cos\delta\end{bmatrix}r_2' \tag{3-13}$$

式中,γ 为折叠轴倾角,δ 为叶片折叠角。

由图 3.24 可知,初始状态风轮的扫风面积为 0.503m²,叶片折叠角为

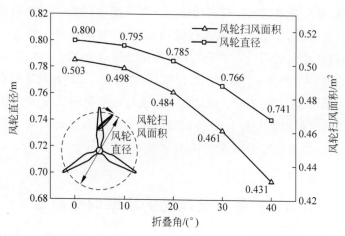

图 3.24　折叠变桨风轮有效直径与扫风面积随折叠角变化曲线

40°,风轮扫风面积减小为 $0.431\,\mathrm{m}^2$,减小比例达 14.17%。图 3.25 为 $9\,\mathrm{m/s}$ 风速下,不同折叠角风轮的输出功率随转速变化曲线。从图中可以看出,各折叠角风轮均具有最大的输出功率值。将各折叠角风轮的最大功率值与未折叠风轮的最大功率值相比,获取各折叠角风轮的最大功率比。流经风轮气流的风能总量与风轮的扫风面积呈正比例关系,定义折叠变桨风轮风能总量与未折叠风轮风能总量的比例为风能总量比,该参数代表了外围叶片段折叠引起的风能总量变化。根据图 3.24 的数据,计算各折叠角风轮的风能总量比,将风轮的最大功率比曲线和风能总量比曲线绘制于图 3.26。风轮最大功率比和风能总量比的比例定义为风能转化效率比,风能转化效率比代表了外围叶片段折叠产生的气动性能变化,该变化主要由外围叶片段的变桨效果产生,风能转化效率比曲线如图 3.26 所示。由图 3.26 可知,随着叶片折叠角的增大,风轮的风能总量和风能转化效率均连续下降。风能转化效率的变化幅度远高于风能总量。相比未折叠风轮,当叶片折叠角为 40°时,风能转化效率降低了 77.74%,而风能总量仅降低了 14.17%。风能转化效率的下降是风轮功率降低的主导因素。

　　外围叶片段气动性能改变是折叠变桨风轮功率调节的关键因素,叶片折叠产生的耦合变桨实现了功率的调节。叶片变桨角与折叠角的耦合程度影响风轮的功率调节能力,而折叠轴倾角为决定该耦合程度的关键参数。折叠轴倾角的设计将在第 5 章进行详细阐述。

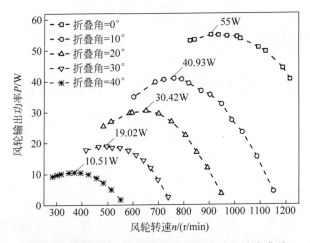

图 3.25　9m/s 风速下折叠变桨风轮的功率输出曲线

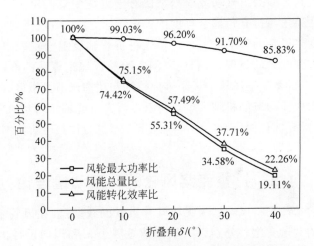

图 3.26　折叠变桨风轮的风能总量比与风能转化效率比曲线

第4章　折叠变桨风轮的气动载荷理论

4.1　引　　言

　　折叠变桨叶片的桨距角与折叠角具有耦合效应,叶片折叠同时改变了外围叶片段的桨距角、方位角和风轮锥角。从文献[79,80-83]中可知,在分析偏航和锥角风轮的气动载荷时,往往通过引入风轮局部坐标系的方法,获取有效气流状态参数与气动载荷分量。对于折叠变桨风轮,叶片折叠轴倾角是决定变桨角与折叠角耦合程度的关键因素,是气动载荷理论的重要参数。折叠变桨风轮的气动载荷理论首先将折叠轴设定于轮毂中心,将折叠轴倾角引入到叶素动量理论,利用风洞实验验证理论算法的准确性。在此基础上,分析折叠变桨风轮的风阻推力特性和功率调节灵敏度,阐明折叠变桨风轮气动性能调节的机理。本章将重点研究折叠轴倾角对风轮气动性能的影响,对折叠轴径向位置的影响将在第5章进行详细分析。

4.2　折叠变桨风轮的叶素动量理论

　　叶素动量理论将风轮视为无限叶片数量的致动盘,在风轮轴向和切向研究气流的动量变化。分别引入轴向诱导因子 a 和周向诱导因子 a' 表征气流速度分量的变化,并由此计算风轮在轴向和切向上承受的载荷。叶片沿展向划分为若干叶素,利用翼形的气动参数,计算了叶素的气动载荷,并将载荷沿叶片展向进行叠加,获取风轮轴向和切向的载荷。联立气流动量定理和叶素载荷分析的结果,通过迭代计算,获取叶素局部气流诱导因子的准确值,从而获取风轮的载荷和气流速度的变化。作为折叠变桨风轮的特征,叶片变桨角与折叠角耦合。叶片的折叠过程产生了变桨效果,同时也影响了叶片局部位置的相对风速。此外,叶片方位角在折叠过程中也发生了变化,气动载荷的作用方向也随之改变。叶片的折叠轴倾角与折叠角是决定这些变化的关键性参数。对于折叠变桨风轮,主要从四个方面对叶素动量理论进行改进：①引入局部坐标系，利用向量运算获取局部坐标系下风速与风轮旋转速度的有效分量。②对叶片变桨角与折叠角的关系进行解耦分析，获取叶片变桨效应的理论表达。③重新构建气流动量定理方程，表达风轮扫风面积变化带来的影响。④对叶片气动载荷进行分解，获取风轮有效的载荷分量。通过上述四方面的理论建模，将折叠轴倾角与折叠角引入叶素动量理论，构建起折叠变桨风轮的气动载荷理论模型。

4.2.1　折叠变桨风轮的局部坐标系

　　由于倾斜折叠轴的作用，叶片折叠时空间方位发生了改变，采用向量运算的方式描述叶片的空间方位变化。风轮原始坐标系 xyz 和叶片坐标系 $x'y'z'$ 的关系如图 4.1 所示。叶片折叠轴倾角向量为 $[-\cos\gamma \quad 0 \quad -\sin\gamma]^T$，$\gamma$ 为折叠轴倾角。根据空间几何理论，向量在三维空间中的旋转由旋转矩阵 $\boldsymbol{K}_a$ 描述。$\boldsymbol{K}_a$ 表达式如式(4-1)所示。矩阵中，a,b,c 分别为旋转轴单位向量 $[a \quad b \quad c]^T$ 的元素，ε 为旋转角。对于折叠变桨叶片，旋转轴单位向量为 $[-\cos\gamma \quad 0 \quad -\sin\gamma]^T$，旋转角为折叠角 δ。将折叠轴单位向量和折叠角代入式(4-1)，获取向量绕折叠轴旋转的变换矩阵 $\boldsymbol{K}_\delta$，如式(4-2)所示。从式中可看出，折叠轴倾角 γ 和折叠角 δ 决定了叶片坐标系的方位。

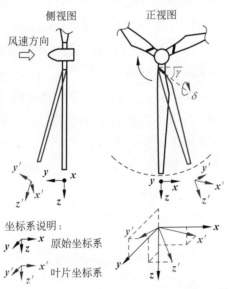

图 4.1　折叠变桨风轮叶片坐标系与原始坐标系（前附彩图）

$$\boldsymbol{K}_a = \begin{bmatrix} a^2 + (1-a^2)\cos\varepsilon & ab(1-\cos\varepsilon) - c\sin\varepsilon & ac(1-\cos\varepsilon) + b\sin\varepsilon \\ ab(1-\cos\varepsilon) + c\sin\varepsilon & b^2 + (1-b^2)\cos\varepsilon & bc(1-\cos\varepsilon) - a\sin\varepsilon \\ ac(1-\cos\varepsilon) - b\sin\varepsilon & bc(1-\cos\varepsilon) + a\sin\varepsilon & c^2 + (1-c^2)\cos\varepsilon \end{bmatrix}$$

$$(4\text{-}1)$$

$$\boldsymbol{K}_\delta = \begin{bmatrix} \cos^2\gamma + \sin^2\gamma\cos\delta & \sin\gamma\sin\delta & \sin\gamma\cos\gamma(1-\cos\delta) \\ -\sin\gamma\sin\delta & \cos\delta & \cos\gamma\sin\delta \\ \sin\gamma\cos\gamma(1-\cos\delta) & -\cos\gamma\sin\delta & \sin^2\gamma + \cos^2\gamma\cos\delta \end{bmatrix} \quad (4\text{-}2)$$

在叶素动量理论中,叶素气动载荷计算方程和气流动量定理方程的基准坐标系为风轮旋转面坐标系。由于折叠变桨风轮具有改变风轮锥角的效果,叶片折叠后,风轮旋转面为圆锥面。图4.2展示了折叠变桨风轮旋转面坐标系与叶片坐标系间的关系。从图中可以看出,风轮旋转面坐标系$x''y''z''$与叶片坐标系$x'y'z'$并未重合,这是由叶片折叠产生的变桨效应形成的。坐标系间绕z'方向的夹角表征了叶片的变桨效果。旋转面坐标系z''向量与叶片坐标系z'向量相同,而y''向量则位于原始坐标系yOz平面内,并且由叶片坐标系y'向量绕z'向量旋转而成。叶片坐标系与旋转面坐标系间的变换过程由旋转矩阵$\boldsymbol{K}_b$表达,如式(4-3)所示。式中,ζ为旋转角。从式(4-2)中可得,叶片坐标系z'向量为$[K_{\delta(1,3)} \quad K_{\delta(2,3)} \quad K_{\delta(3,3)}]^\mathrm{T}$,$y'$向量为$[K_{\delta(1,2)} \quad K_{\delta(2,2)} \quad K_{\delta(3,2)}]^\mathrm{T}$。由于旋转面坐标系$y''$向量与叶片坐标系$z'$向量垂直,由向量运算规则可得式(4-4)。同时,$y''$向量位于原始坐标系$yOz$平面内,$y''$向量元素$y''_{(1)}$为0。基于上述分析,旋转面坐标系与叶片坐标系之间绕z'轴的夹角ζ可由式(4-5)计算。将y'向量和z'向量代入式(4-5)并进行简化,得到式(4-6)。将式(4-6)代入式(4-3),得到了叶片坐标系与旋转面坐标系间的变换矩阵$\boldsymbol{K}_z$,如式(4-7)所示。

$$\boldsymbol{K}_b = \begin{bmatrix} \cos\zeta & -\sin\zeta & 0 \\ \sin\zeta & \cos\zeta & 0 \\ 0 & 0 & 1 \end{bmatrix} \quad (4\text{-}3)$$

$$y''_{(1)} z'_{(1)} + y''_{(2)} z'_{(2)} + y''_{(3)} z'_{(3)} = 0 \quad (4\text{-}4)$$

$$\left. \begin{aligned} \cos\zeta &= \frac{y'' y'}{|y''| \, |y'|} \\ \sin\zeta &= \sqrt{1 - \cos^2\zeta} \end{aligned} \right\} \quad (4\text{-}5)$$

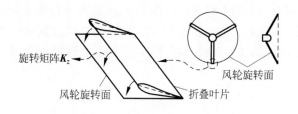

坐标系说明：

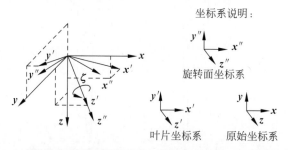

图 4.2　折叠变桨风轮旋转面坐标系与叶片坐标系（前附彩图）

$$\begin{cases} \cos\zeta = \dfrac{K_{\delta(3,3)}K_{\delta(2,2)} - K_{\delta(2,3)}K_{\delta(3,2)}}{\sqrt{K_{\delta(3,3)}^2 + K_{\delta(2,3)}^2}} \\[4mm] \sin\zeta = \sqrt{1 - \dfrac{\left(K_{\delta(3,3)}K_{\delta(2,2)} - K_{\delta(2,3)}K_{\delta(3,2)}\right)^2}{K_{\delta(3,3)}^2 + K_{\delta(2,3)}^2}} \end{cases} \tag{4-6}$$

$$\boldsymbol{K}_z = \begin{bmatrix} \dfrac{K_{\delta(3,3)}K_{\delta(2,2)} - K_{\delta(2,3)}K_{\delta(3,2)}}{\sqrt{K_{\delta(3,3)}^2 + K_{\delta(2,3)}^2}} & -\sqrt{1 - \dfrac{\left(K_{\delta(3,3)}K_{\delta(2,2)} - K_{\delta(2,3)}K_{\delta(3,2)}\right)^2}{K_{\delta(3,3)}^2 + K_{\delta(2,3)}^2}} & 0 \\[6mm] \sqrt{1 - \dfrac{\left(K_{\delta(3,3)}K_{\delta(2,2)} - K_{\delta(2,3)}K_{\delta(3,2)}\right)^2}{K_{\delta(3,3)}^2 + K_{\delta(2,3)}^2}} & \dfrac{K_{\delta(3,3)}K_{\delta(2,2)} - K_{\delta(2,3)}K_{\delta(3,2)}}{\sqrt{K_{\delta(3,3)}^2 + K_{\delta(2,3)}^2}} & 0 \\[6mm] 0 & 0 & 1 \end{bmatrix} \tag{4-7}$$

式中，$K_{\delta(2,2)}$，$K_{\delta(2,3)}$，$K_{\delta(3,2)}$ 和 $K_{\delta(3,3)}$ 为旋转矩阵 $\boldsymbol{K}_\delta$ 的元素。

如图 4.1 所示，由于倾斜折叠轴的作用，叶片折叠改变了叶片桨距角、方位角和风轮锥角，风轮旋转面呈现圆锥面。叶片气动载荷的方向以风轮旋转面坐标系为基准，而风轮有效的旋转力矩与风阻推力则以风轮投影面坐标系为基准。风轮投影面及投影面坐标系如图 4.3 所示。从图中可以看出，投影面坐标系 $\boldsymbol{y}'''$ 向量与原始坐标系 $\boldsymbol{y}$ 向量相同，而 $\boldsymbol{z}'''$ 向量则为叶片坐标系 $\boldsymbol{z}'$ 方向在原始坐标系 xOz 平面内投影的单位向量。由式（4-2）可知，$\boldsymbol{z}'$ 向量为 $[K_{\delta(1,3)} \quad K_{\delta(2,3)} \quad K_{\delta(3,3)}]^{\mathrm{T}}$，根据向量的投影运算规则，投影面坐标

系 $\boldsymbol{z}'''$ 向量的表达如式(4-8)所示。由于 $\boldsymbol{x}'''$ 向量为单位向量,并且与 $\boldsymbol{z}'''$ 向量和 $\boldsymbol{y}'''$ 向量正交,因此,$\boldsymbol{x}'''$ 向量可表达为式(4-9)。综合投影面坐标系各正交方向单位向量的结果,原始坐标系与投影面坐标系间的变换矩阵 $\boldsymbol{K}$ 如式(4-10)所示。

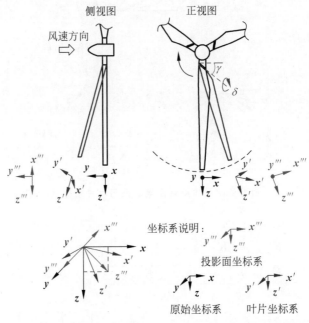

图 4.3　折叠变桨风轮投影面坐标系与叶片坐标系(前附彩图)

$$\boldsymbol{z}''' = \frac{\left[K_{\delta(1,3)} \quad 0 \quad K_{\delta(3,3)} \right]^{\mathrm{T}}}{\sqrt{K_{\delta(1,3)}^2 + K_{\delta(3,3)}^2}} \tag{4-8}$$

$$\boldsymbol{x}''' = \frac{\left[K_{\delta(3,3)} \quad 0 \quad -K_{\delta(1,3)} \right]^{\mathrm{T}}}{\sqrt{K_{\delta(1,3)}^2 + K_{\delta(3,3)}^2}} \tag{4-9}$$

$$\boldsymbol{K} = \begin{bmatrix} \dfrac{K_{\delta(3,3)}}{\sqrt{K_{\delta(1,3)}^2 + K_{\delta(3,3)}^2}} & 0 & \dfrac{K_{\delta(1,3)}}{\sqrt{K_{\delta(1,3)}^2 + K_{\delta(3,3)}^2}} \\ 0 & 1 & 0 \\ \dfrac{-K_{\delta(1,3)}}{\sqrt{K_{\delta(1,3)}^2 + K_{\delta(3,3)}^2}} & 0 & \dfrac{K_{\delta(3,3)}}{\sqrt{K_{\delta(1,3)}^2 + K_{\delta(3,3)}^2}} \end{bmatrix} \tag{4-10}$$

式中,$K_{\delta(1,3)}$ 和 $K_{\delta(3,3)}$ 为旋转矩阵 $\boldsymbol{K}_{\delta}$ 的元素。

4.2.2　叶素气动载荷与气流动量定理方程

叶素动量理论通过叶素气动载荷分析和气流动量变化两方面对风轮进行分析。在叶素气动载荷分析方面,叶片沿展向划分为若干独立的叶素,每一叶素均利用翼形气动参数计算气动载荷。对于折叠变桨风轮,叶片气动载荷计算方程参考坐标系为旋转面坐标系。在旋转面坐标系下,叶素受力示意图如图 4.4 所示。风轮所受的风阻推力微分 dT 和旋转力矩微分 dM 如式(4-11)所示。

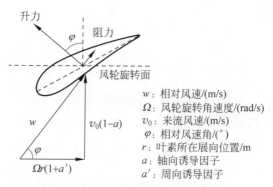

升力
阻力
φ
风轮旋转面

w：相对风速/(m/s)
Ω：风轮旋转角速度/(rad/s)
v_0：来流风速/(m/s)
φ：相对风速角/(°)
r：叶素所在展向位置/m
a：轴向诱导因子
a'：周向诱导因子

w
$v_0(1-a)$
φ
$\Omega r(1+a')$

图 4.4　风轮旋转面与叶素受力示意图

$$\begin{cases} \mathrm{d}T = \dfrac{1}{2}\rho w^2 Nc\,(C_L\cos\varphi + C_D\sin\varphi)\,\mathrm{d}r \\[2mm] \mathrm{d}M = \dfrac{1}{2}\rho w^2 Nc\,(C_L\sin\varphi - C_D\cos\varphi)\,r\,\mathrm{d}r \end{cases} \tag{4-11}$$

式中,w 为相对风速,N 为叶片数量,c 为叶素弦长,C_L 为翼形升力系数,C_D 为翼形阻力系数,φ 为相对风速角,r 为叶素沿叶片展向的位置。

在气流动量变化方面,气流流经风轮,在垂直于风轮面方向上速度降低,速度减小量由轴向诱导因子 a 描述。气流在风轮切向推动风轮旋转,自身具备了反向旋转的切向速度,速度增量由周向诱导因子 a' 描述。折叠变桨风轮旋转面呈圆锥面,在叶片展向 r 位置处,沿圆锥面母线,取圆锥面微元 dA,如图 4.5 所示。该微元与相同叶片展向处的叶素相对应。参考图 4.3,利用向量的空间旋转,折叠后叶片长度向量为 $r\begin{bmatrix} K_{\delta(1,3)} & K_{\delta(2,3)} & K_{\delta(3,3)} \end{bmatrix}^{\mathrm{T}}$,叶片展向 r 位置处风轮旋转面的半径为 $r\sqrt{K_{\delta(1,3)}^2 + K_{\delta(3,3)}^2}$,圆锥面微元面积 dA 为 $2\pi r\sqrt{K_{\delta(1,3)}^2 + K_{\delta(3,3)}^2}\,\mathrm{d}r$。以流经面积 dA 的气流作为研究对象,在垂直于旋转面方向上和切线方向上分别利用气流的动量定理,列写微元的风阻推力 $\mathrm{d}T$ 和旋转力矩 $\mathrm{d}M$ 的微分方程,如式(4-12)所示。

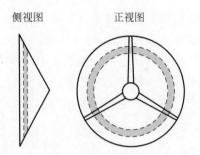

图 4.5　折叠变桨风轮圆锥面微元示意图

$$\begin{cases} \mathrm{d}T = 4\pi r \rho a\,(1-a)\,(v_0')^2 F_a \sqrt{K_{\delta(1,3)}^2 + K_{\delta(3,3)}^2}\,\mathrm{d}r \\ \mathrm{d}M = 4\pi r^2 \rho a'\,(1-a)\,v_0'\,(\Omega r)' F_a \sqrt{K_{\delta(1,3)}^2 + K_{\delta(3,3)}^2}\,\mathrm{d}r \end{cases} \tag{4-12}$$

式中,r 为叶素沿叶片展向的位置,ρ 为空气密度,v_0' 为垂直于旋转面的风速,F_a 为普朗特叶尖损失修正因子,$K_{\delta(1,3)}$ 和 $K_{\delta(3,3)}$ 为矩阵 $\boldsymbol{K}_\delta$ 的元素,$(\Omega r)'$ 为旋转面的切向速度。

　　在风轮旋转面坐标系下,叶素气动载荷的计算结果与微元气流动量定理的计算结果对应,结合式(4-11)与式(4-12),获取折叠变桨风轮叶片展向 r 处的气流轴向诱导因子 a 与周向诱导因子 a' 的表达式,如式(4-13)所示。式中,σ 为叶片展向 r 处风轮的局部实度。

$$\begin{cases} a = \dfrac{1}{\dfrac{4F_a \sqrt{K_{\delta(1,3)}^2 + K_{\delta(3,3)}^2}\,\sin^2\varphi}{\sigma(C_L\cos\varphi + C_D\sin\varphi)} + 1} \\[4mm] a' = \dfrac{1}{\dfrac{4F_a \sqrt{K_{\delta(1,3)}^2 + K_{\delta(3,3)}^2}\,\sin\varphi\cos\varphi}{\sigma(C_L\sin\varphi - C_D\cos\varphi)} - 1} \end{cases} \tag{4-13}$$

　　从图 4.4 可以看出,相对风速角 φ 由气流轴向诱导因子 a 和周向诱导因子 a' 决定,叶素升阻力系数取决于气流攻角 α,而攻角为相对风速角 φ 与叶素桨距角 β' 的差值。在旋转面坐标系下,相对风速角 φ,气流攻角 α 和风轮局部实度 σ 分别由式(4-14)~式(4-16)计算获取。

$$\varphi = \arctan\frac{v_0'(1-a)}{(\Omega r)'(1+a')} \tag{4-14}$$

$$\alpha = \arctan \frac{v_0'(1-a)}{(\Omega r)'(1+a')} + \beta' \tag{4-15}$$

$$\sigma = \frac{cN}{2\pi r} \tag{4-16}$$

折叠变桨风轮叶素动量理论考虑了致动盘假设引起的误差,采用普朗特叶尖损失修正因子 F_a 对动量定理方程进行修正,如式(4-12)所示。普朗特修正因子 F_a 的表达式如式(4-17)所示[17],式中,R 为叶片长度。

$$F_a = \frac{2}{\pi}\arccos\left(\exp\left(\frac{N(r-R)}{2r\sin\varphi}\right)\right) \tag{4-17}$$

折叠变桨风轮叶素动量理论的基本方程为式(4-11)~式(4-17),方程的参考坐标系为风轮旋转面坐标系。由于基本方程中各变量存在复杂的关系,方程求解应采用迭代方式进行。基于各叶素气动载荷,对载荷沿叶片展向进行积分运算,最终将获取风轮的旋转力矩和风阻推力。

4.2.3　叶素动量理论的变量修正

折叠变桨风轮叶素动量理论的基本坐标系为风轮旋转面坐标系,而风轮有效的旋转力矩和风阻推力为气动载荷在投影面坐标系下的分量。通过向量运算的方法,可以获取旋转面坐标系下叶素桨距角 β'、来流风速 v_0' 和风轮旋转切向速度 $(\Omega r)'$,对气动载荷结果进行分解,也可以获取投影面坐标系下风轮有效的旋转力矩 M' 和风阻推力 T'。

作为折叠变桨风轮的特征,叶片折叠过程改变了叶片的桨距角。参考图 4.2,在叶片坐标系下,叶素具有桨距角 β,可由向量 $\boldsymbol{\beta} = [-\cos\beta \quad \sin\beta \quad 0]^{\mathrm{T}}$ 表示。由 4.2.1 节分析可知,叶片折叠的变桨效果由变换矩阵 $\boldsymbol{K}_z$ 描述。将 $\boldsymbol{\beta}$ 向量作风轮旋转面坐标系的投影运算,获取叶素在风轮旋转面内的桨距角向量 $\boldsymbol{\beta}'$。$\boldsymbol{\beta}$ 向量投影运算利用矩阵 $\boldsymbol{K}_z$ 进行,投影后的桨距角 β' 如式(4-18)所示。

$$\beta' = \left| \arctan \frac{[\boldsymbol{K}_z^{\mathrm{T}}\boldsymbol{\beta}]_{(2)}}{[\boldsymbol{K}_z^{\mathrm{T}}\boldsymbol{\beta}]_{(1)}} \right| \tag{4-18}$$

叶片折叠同样改变了风轮旋转面上气流的轴向速度和切向速度。参考图 4.2,原始坐标系变换至风轮旋转面坐标系通过旋转矩阵 $\boldsymbol{K}_\delta$ 和 $\boldsymbol{K}_z$ 实现。在原始坐标系下,来流风速向量为 $\boldsymbol{v}_0 = [0 \quad v_0 \quad 0]^{\mathrm{T}}$,风轮的旋转角速度向量为 $\boldsymbol{\Omega} = [0 \quad \Omega \quad 0]^{\mathrm{T}}$。叶片折叠后,叶素在叶片展向的位置向量为 $\boldsymbol{r} = \boldsymbol{K}_\delta[0 \quad 0 \quad r]^{\mathrm{T}}$,叶素旋转速度向量为 $\boldsymbol{\Omega r}$。分别对向量 $\boldsymbol{v}_0$ 和 $\boldsymbol{\Omega r}$ 作叶片坐标

系下的投影运算,投影后的风速向量和旋转速度向量分别为 $\boldsymbol{K}_\delta^{\mathrm{T}}\boldsymbol{v}_0$ 和 $\boldsymbol{K}_\delta^{\mathrm{T}}\boldsymbol{\Omega}r$。叶素动量理论参考坐标系为风轮旋转面坐标系,因此,进一步对向量 $\boldsymbol{K}_\delta^{\mathrm{T}}\boldsymbol{v}_0$ 和 $\boldsymbol{K}_\delta^{\mathrm{T}}\boldsymbol{\Omega}r$ 作旋转面坐标系下的投影运算。垂直于旋转面的风速 v_0' 和旋转面切向速度 $(\Omega r)'$ 由式(4-19)表达。

$$\begin{cases} v_0' = \left[\boldsymbol{K}_z^{\mathrm{T}}\boldsymbol{K}_\delta^{\mathrm{T}}V_0\right]_{(2)} \\ (\Omega r)' = \left[\boldsymbol{K}_z^{\mathrm{T}}\boldsymbol{K}_\delta^{\mathrm{T}}\left[\boldsymbol{\Omega}\times r\right]\right]_{(1)} \end{cases} \tag{4-19}$$

叶素动量理论获取的旋转力矩 $\mathrm{d}M$ 和风阻推力 $\mathrm{d}T$ 均为旋转面坐标系下表达的变量。参考图 4.3,风轮有效的旋转力矩 $\mathrm{d}M'$ 与风阻推力 $\mathrm{d}T'$ 为投影面坐标系下的分量,可通过载荷向量的投影运算获取。从 4.2.1 节可知,空间变换矩阵 $\boldsymbol{K}_z^{-1}$,$\boldsymbol{K}_\delta^{-1}$ 与 $\boldsymbol{K}$ 分别为旋转面坐标系变换至叶片坐标系的矩阵,叶片坐标系变换至原始坐标系的矩阵,以及原始坐标系变换至投影面坐标系的矩阵。在旋转面坐标系下,风轮旋转力矩向量为 $\boldsymbol{M} = \begin{bmatrix} 0 & M & 0 \end{bmatrix}^{\mathrm{T}}$,风阻推力向量为 $\boldsymbol{T} = \begin{bmatrix} 0 & T & 0 \end{bmatrix}^{\mathrm{T}}$。利用变换矩阵 $\boldsymbol{K}_z^{-1}$,$\boldsymbol{K}_\delta^{-1}$ 与 $\boldsymbol{K}$,作向量 $\boldsymbol{M}$ 与 $\boldsymbol{T}$ 的投影运算,获取投影面坐标系下有效的旋转力矩 M' 与风阻推力 T',如式(4-20)所示。

$$\begin{cases} M' = \left[\boldsymbol{K}^{\mathrm{T}}\left[\boldsymbol{K}_\delta^{-1}\right]^{\mathrm{T}}\left[\boldsymbol{K}_z^{-1}\right]^{\mathrm{T}}\boldsymbol{M}\right]_{(2)} \\ T' = \left[\boldsymbol{K}^{\mathrm{T}}\left[\boldsymbol{K}_\delta^{-1}\right]^{\mathrm{T}}\left[\boldsymbol{K}_z^{-1}\right]^{\mathrm{T}}\boldsymbol{T}\right]_{(2)} \end{cases} \tag{4-20}$$

4.2.4 叶素动量理论的计算流程

折叠变桨风轮叶素动量理论的基本方程如式(4-11)～式(4-17)所示。将输入变量代入方程,通过迭代计算,获取各叶素的载荷结果,对载荷沿叶片展向进行积分运算,获取风轮的气动载荷。叶片折叠后的桨距角由式(4-18)表达,来流风速 v_0' 与旋转面切向速度 $(\Omega r)'$ 由式(4-19)计算获取,风轮有效的旋转力矩 M' 和风阻推力 T' 由式(4-20)获取。

气流推动风轮旋转,自身具备了反向的旋转速度,由于离心运动,作用在叶片表面的气流受科氏力的作用。在科氏力的影响下,气流在叶片表面的分离出现延迟,叶片具有的最大升力和失速攻角均有所增大,叶片产生失速延迟效应。折叠变桨风轮叶素动量理论采用 Du 和 Selig[56] 提出的失速延迟修正模型,对翼形的二维气动参数进行修正。翼形升力系数 $C_{L,3D}$ 与阻力系数 $C_{D,3D}$ 的修正公式如式(4-21)所示[56]。

$$
\begin{cases}
C_{L,3D} = C_L + f_L\left[2\pi(\alpha - \alpha_0) - C_L\right] \\[2mm]
C_{D,3D} = C_D - f_D(C_D - C_{D,0}) \\[2mm]
f_L = \dfrac{1}{2\pi}\left[\dfrac{1.6c}{0.1267r}\dfrac{1 - \left(\dfrac{c}{r}\right)^{\left(\frac{\sqrt{v_0^2 + (\varOmega R)^2}}{\varOmega r}\right)}}{1 + \left(\dfrac{c}{r}\right)^{\left(\frac{\sqrt{v_0^2 + (\varOmega R)^2}}{\varOmega r}\right)}} - 1\right] \\[6mm]
f_D = \dfrac{1}{2\pi}\left[\dfrac{1.6c}{0.1267r}\dfrac{1 - \left(\dfrac{c}{r}\right)^{\left(\frac{\sqrt{v_0^2 + (\varOmega R)^2}}{2\varOmega r}\right)}}{1 + \left(\dfrac{c}{r}\right)^{\left(\frac{\sqrt{v_0^2 + (\varOmega R)^2}}{2\varOmega r}\right)}} - 1\right]
\end{cases}
\tag{4-21}
$$

式中，C_L 和 C_D 分别为翼形二维升力系数和阻力系数，α 为气流攻角，α_0 为零升力攻角，$C_{D,0}$ 为零升力攻角对应的阻力系数，c 为叶素弦长，r 为叶片展向位置。

　　折叠变桨风轮叶素动量算法采用迭代的计算方式。首先对叶片沿展向进行叶素划分，以叶片折叠轴倾角 γ、折叠角 δ、来流风速 V_0、叶素弦长 c 和桨距角 β 等作为基本参数，分别计算式(4-2)、式(4-7)、式(4-10)、式(4-18)和式(4-19)。设定气流诱导因子初始值 a_0 和 a_0'，开始迭代过程。通过式(4-14)~式(4-17)计算相对风速角 φ_0，气流攻角 α_0，叶片局部实度 σ_0 和叶尖损失修正因子 $F_{a,0}$。利用式(4-21)对翼形二维气动参数进行修正，依据气流攻角 α_0，获取翼形的修正升力系数 $C_{L,3D0}$ 和阻力系数 $C_{D,3D0}$。基于上述参数，利用式(4-13)更新诱导因子 a 和 a'，分别计算诱导因子更新前后的差值 δa 与 $\delta a'$。设定计算收敛误差为 0.001，当 δa 和 $\delta a'$ 均小于收敛误差时，迭代停止，否则进行下一迭代步计算。在新迭代步 $n+1$，以上一迭代步 n 的计算结果 a_n 和 a_n' 为准，计算式(4-14)~式(4-17)，获取新迭代步中间变量 φ_{n+1}，α_{n+1}，σ_{n+1} 和 $F_{a,n+1}$。根据新迭代步攻角 α_{n+1} 获取翼形升力系数 $C_{L,3Dn+1}$ 和阻力系数 $C_{D,3Dn+1}$。利用式(4-13)更新诱导因子 a_{n+1} 和 a_{n+1}'。计算新迭代步与上一迭代步诱导因子差值，判断迭代收敛条件。对叶片展向所有叶素开展上述迭代计算，利用式(4-12)，对叶素旋转力矩 dM 和风阻推力 dT 沿叶片展向进行积分运算。利用式(4-20)获取风轮有效的旋转力矩 M' 和风阻推力 T'，折叠变桨风轮叶素动量算法流程如图 4.6 所示。

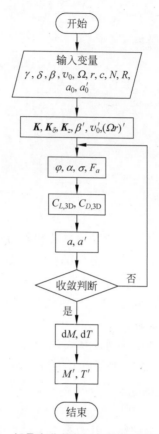

图 4.6　折叠变桨风轮叶素动量算法流程图

4.3　折叠变桨风轮叶素动量理论的准确性

　　风洞实验是验证气动载荷理论准确性常用的手段,本节将展示折叠变桨风轮的功率测试数据,并将测试数据和理论计算结果进行对比,讨论修正叶素动量理论的准确性。

4.3.1　风洞实验平台与实验风轮

　　风洞实验使用低速直流式风洞平台,风洞由收缩段、测试段、扩散段和风扇区组成。其中,测试段横截面为 $1.5\mathrm{m}\times1.5\mathrm{m}$ 的矩形,长度为 $2\mathrm{m}$。四台风扇用于驱动气流在风洞中的流动,测试段有效的风速范围为 0～10m/s。风洞测试平台具有良好的气流品质,测试段湍流度小于 1%。测试段安装有皮托管风速测量系统,用于实验过程中实时的风速测量。风洞测试平台实物如图 4.7 所示。

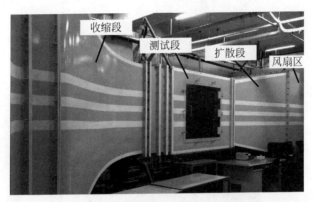

图 4.7　风洞测试平台实物图

风轮机械功率测量平台如图 4.8 所示,测量平台由传动轴、扭矩-转速集成传感器和制动系统组成。风轮安装于传动轴末端,带动传动轴旋转。制动器提供制动力矩,维持风轮的稳定旋转。传感器安装于风轮与制动器之间,测量风轮稳定旋转时的扭矩和转速。制动系统由磁粉制动器和直流电源组成,通过手动调节制动器工作电流,改变风轮的制动力矩,从而控制风轮的转速。集成传感器数据采集频率为 10Hz,扭矩和转速测量精度分别为 0.01N・m 和 5r/min。风轮机械功率测量平台安装于风洞测试段内,风轮平面位于测试段中心位置,最大程度保证气流的均匀性。

集成传感器最大的扭矩测量值为 2N・m,最大的转速测量值为1 000r/min。风轮扫风面积显著影响风轮的扭矩和转速,风轮尺寸的设计应保证风轮的扭矩和转速值位于传感器的有效测量范围内。另外,为了保证风洞实验数据的可靠性,风轮的扫风面积应远小于测试段横截面积。当风轮扫风面积与测试段横截面积的比例超过 10% 时,风洞实验数据应进行修正[88]。综合考虑风洞实验风轮扫风面积比例和传感器性能的限制,实验风轮的扫风面积比例设定为 20%。风洞测试段的横截面积为 2.25m²,风轮直径设定为 0.76m,风轮的实际扫风面积比例为 20.16%。

实验风轮如图 4.9 所示,风轮由三叶片组成,叶片长度为 0.3m,轮毂半径为 0.08m。叶片几何外形以 Phase VI 叶片[103]作为参考,沿展向进行等

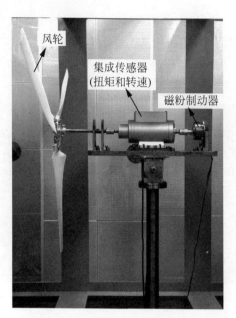

图 4.8　风轮机械功率测量平台

比例缩放。设定叶片沿展向具有相同的翼形,翼形型号为 NACA 0012。叶片扭角分布与参考叶片相同,并设定叶尖扭角为 0°。为了增大风轮的扭矩,保证测量数据处于传感器有效的测量区间,在完成叶片弦长缩放后,对叶片各截面弦长进行等量增大,实验叶片的最小弦长为 41mm,位于叶尖位置。经过叶片弦长的修改,风轮实度得到了有效的增大。叶片的几何外形参数见表 4.1。风轮初始桨距角的设定对风轮的气动性能具有重要的影响。折叠变桨风轮的目的在于高风速下限制功率的增长,因此,初始桨距角的设定应保证风轮输出功率随叶片折叠角增大而连续降低。为了保证折叠变桨风轮发挥功率调节效果,叶片初始桨距角设定为 10°。基于表 4.1 中的数据,采用 3D 打印技术制造实验叶片,叶片材质为树脂,叶片尺寸精度为 0.1mm。叶片通过折叠装置与轮毂实现固定连接,折叠角范围为 0°～90°,折叠装置与轮毂采用铝合金制作而成。为了增大叶片变桨角与折叠角的耦合程度,折叠轴倾角设计为 60°,折叠轴经过轮毂中心。根据风洞实验参数,叶片折叠角手动调节,由量角器进行测量,所有叶片的折叠角保持一致。风轮折叠角调整如图 4.10 所示,从图中可看出,叶片折叠同时改变了风轮的锥角和叶片的桨距角。

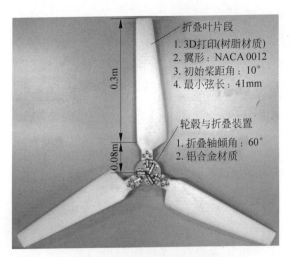

图 4.9　折叠变桨风轮实物图

表 4.1　折叠变桨风轮叶片弦长和扭角数据

项目	参　数									
展向距离/mm	0.0	6.8	20.1	31.1	55.3	79.5	86.4	103.8	128.0	152.3
弦长/mm	85.0	84.0	82.0	80.4	76.8	73.4	72.3	69.8	66.2	62.6
扭角/(°)	21.86	19.89	16.11	13.72	9.79	7.12	6.53	5.24	3.90	2.97

项目	参　数									
展向距离/mm	153.3	176.5	200.7	220.0	225.0	249.3	273.5	280.2	297.7	300.0
弦长/mm	62.5	59.1	55.6	52.7	52.0	48.4	44.9	43.9	41.3	41.0
扭角/(°)	2.93	2.31	1.80	1.43	1.34	0.89	0.46	0.35	0.04	0.00

图 4.10　实验风轮叶片折叠变化图

4.3.2　数据处理方法

　　风轮的扭矩和转速均在稳定旋转状态下测量,通过平均化处理,得到风轮的扭矩 M 和转速 n,两者的乘积为该工况下风轮的输出功率 P。风轮的气动性能由风能利用系数 C_P 和叶尖速比 TSR 进行表征,其计算公式如式(4-22)所示。

$$\begin{cases} C_P = \dfrac{2P}{\rho A v_0^3} \\ \text{TSR} = \dfrac{n\pi D}{60 v_0} \end{cases} \tag{4-22}$$

式中,ρ 为空气密度,1.205kg/m³;A 为风轮扫风面积,0.454m²;D 为风轮直径,0.76m。

　　作为折叠变桨风轮的特性,风轮的扫风面积与半径随折叠角增大而减小。为了保证不同折叠角的风轮具有可比性,式(4-22)的计算未考虑风轮尺寸的变化,风轮扫风面积和半径均以未折叠风轮数据为准。由于风轮扫风面积与风洞测试段横截面积的比例为 20.16%,因此,风洞实验数据需进行修正。实验数据修正因子 f 采用 Ryi 等人[88]提出的计算模型。修正后的风能利用系数与修正因子的三次方呈反比例关系,修正后的叶尖速比与修正因子呈反比例关系。风洞实验修正因子的最大值为 1.106,因此,修正后的风能利用系数最多降低了 4.65%,而叶尖速比最多降低了 1.57%。

4.3.3　风轮功率测试结果

　　风能利用系数测试实验的风速设定为 5m/s,叶片折叠角的研究范围为 0°~20°,折叠角最小增量为 5°。风洞实验获取了风轮的扭矩和转速,利用式(4-22)计算各工况下风轮的风能利用系数 C_P 和叶尖速比 TSR,实验结果考虑了风洞实验的数据修正。折叠变桨风轮风能利用系数随叶尖速比的变化曲线如图 4.11 所示。从图中可以看出,对于未折叠风轮,风能利用系数 C_P 随叶尖速比 TSR 降低而升高。当 TSR 为 5.497 时,风轮具有最低 C_P 值,为 0.034。当 TSR 降低为 3.984,风轮 C_P 值增大至 0.259。叶片折叠后,C_P-TSR 曲线具有相同的变化趋势。各折叠角风轮的 C_P 和 TSR 数据见表 4.2。从图 4.11 可看出,对于未折叠风轮,当叶尖速比低于 3.98 时,叶片进入失速阶段,风轮无法实现稳定旋转,实验过程中未采集数据。

对比不同折叠角风轮的风能利用系数曲线,C_P 和 TSR 均随着折叠角增大而减小。未折叠风轮具有的最大 C_P 值为 0.259,当叶片折叠 20°时,风轮的最大 C_P 值减小为 0.06,降低了 76.83%。叶片未折叠时风轮有效的 TSR 区间为 3.984～5.497,而在叶片折叠 20°情况下,TSR 减小为 1.932～2.324。

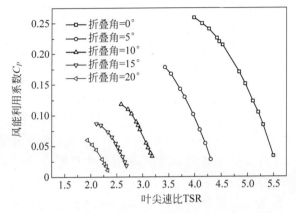

图 4.11　5m/s 风速折叠变桨风轮的风能利用系数曲线

表 4.2　5m/s 风速折叠变桨风轮的风能利用系数与叶尖速比数据

折叠角/(°)	C_P		TSR	
	最大值	最小值	最大值	最小值
0	0.259	0.034	5.497	3.984
5	0.179	0.028	4.304	3.425
10	0.118	0.033	3.182	2.582
15	0.087	0.018	2.686	2.109
20	0.060	0.011	2.324	1.932

5m/s 风速下未折叠风轮的最大功率为 8.87W,对应的转速为 500r/min。将 5m/s 设定为额定风速,并将该风速下的最大功率和对应的转速设定为额定值。将叶片折叠角分别设定为 0°,5°,10°,15° 和 20°,对各折叠角风轮开展风洞实验,测量风轮处于额定功率和额定转速时的风速数据。测量的风速与对应的折叠角数据见表 4.3。从表中数据可看出,通过叶片折叠角调节,折叠变桨风轮在 5.00～9.54m/s 风速区间内仍能保持额定的功率输出,同时维持稳定的转速。

表 4.3 折叠变桨风轮恒功率输出过程的参数

折叠角/(°)	风速/(m/s)	风轮转速/(r/min)	输出功率/W
0	5.00	500	8.87
5	5.71	500	8.87
10	6.86	500	8.87
15	8.11	500	8.87
20	9.54	500	8.87

4.3.4 理论计算结果与分析

4.3.3 节的测试数据将用于验证理论模型的准确性。叶片沿展向划分为 16 段等长的叶素,参考表 4.1,对表中数据进行插值计算,获取各叶素的弦长和扭角数据。叶片的初始桨距角为 10°,叶素桨距角 β 为扭角与初始桨距角之和。叶片折叠角 δ,来流风速 v_0 和旋转角速度 Ω 均以风洞实验参数为准。叶片采用 NACA 0012 翼形,其二维升阻力系数与叶素局部气流的雷诺数有关。根据风洞实验参数,风轮的参考转速设定为 600r/min,参考风速设定为 5m/s。以叶尖弦长 41mm 作为参考弦长,计算气流的参考雷诺数,其值为 80 000。根据 Sheldahl 和 Klimas[104] 的研究结果,获取 NACA 0012 翼形在雷诺数为 80 000 条件下的二维气动参数。根据 Du 和 Selig[56] 提出的叶片失速延迟修正模型,对翼形升阻力系数进行了修正。由于翼形阻力系数的修正量极小,计算过程中仅考虑翼形的升力系数修正。叶片失速延迟效应在叶片根部区域最为明显,随着叶片展向位置增大,失速延迟效应逐渐减弱[56],因此仅对 0~40% 叶片展向范围的升力系数进行了修正。理论模型计算了风轮的旋转力矩和风阻推力,根据式(4-22)计算风轮的风能利用系数 C_P 与叶尖速比 TSR。

5m/s 风速下,风轮的风能利用系数理论计算结果与风洞实验数据对比如图 4.12 所示。从图中可看出,理论计算结果与风洞实验数据保持较高的一致性。在折叠角为 0°和 5°情况下,理论计算结果相比实验数据略微偏低,而在折叠角为 10°,15°和 20°情况下,理论模型略高地预测了风能利用系数。理论计算结果与风洞实验数据的误差见表 4.4。在折叠角为 10°的情况下,理论计算结果出现最大误差,为 34.06%。从整体上看,风能利用系数的理论计算结果与实验数据具有较高的吻合度。

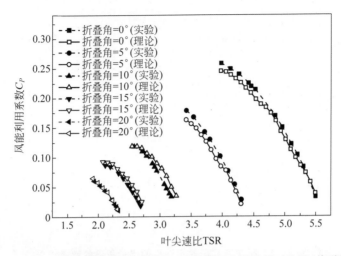

图 4.12　5m/s 风速折叠变桨风轮的 C_P 计算值与实验结果对比图（前附彩图）

表 4.4　5m/s 风速折叠变桨风轮的 C_P 计算值与实验值相对误差

折叠角/(°)	C_P 相对误差/%	
	最大值	最小值
0	−14.52	−9.45
5	−7.84	−29.79
10	34.06	−1.27
15	24.39	6.42
20	8.95	−9.71

　　表 4.3 列出了风轮输出恒定功率 8.87W 时叶片折叠角与对应风速的数据。利用理论模型计算该过程,将计算的折叠角-风速曲线与风洞测试曲线绘于图 4.13。从图中可以看出,理论计算结果与实验数据高度吻合。当叶片折叠角较小时,计算的风速值高于实验测量值,而在折叠角为 20°的情况下,计算的风速值略低于实验测量值。在所研究的折叠角范围内,风速计算结果与实验测量值的最大误差为 3.6%。图 4.12 与图 4.13 证明了修正叶素动量理论的正确性和计算的准确性。

　　从图 4.11 可知,随转速降低,风轮的风能利用系数逐渐升高。该现象是由气流攻角增大造成的,当气流攻角增大至极限值,叶片部分区域已进入失速状态,风轮具备最大的风能利用系数。表 4.2 中的数据表明,未折叠风轮的有效 TSR 范围为 3.984~5.497。利用修正叶素动量算法,计算 TSR

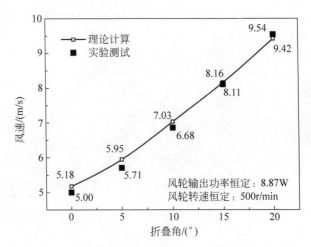

图 4.13　折叠变桨风轮恒功率输出过程参数计算结果

为 4.0～5.5 时,未折叠风轮气流攻角沿叶片展向的分布,如图 4.14 所示。从图中可看出,气流攻角沿叶片展向逐渐减小。参考图 4.4,该变化趋势是由相对风速角沿叶片展向逐渐减小造成的。图 4.14 表明,随风轮叶尖速比降低,气流攻角增大。TSR 为 5.5 时,气流攻角范围为 $-0.36°～3.32°$。而 TSR 降低为 4.0,气流攻角范围升高为 $1.51°～12.27°$。由于气流攻角增大,风轮的风能利用系数升高。在叶片展向 40%～100% 范围内,翼形二维气动参数表明,翼形的失速攻角为 $8°$。对于 TSR 为 4.0 的情况,在叶片展

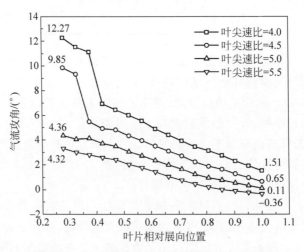

图 4.14　5m/s 风速未折叠风轮气流攻角分布图

向 42.26% 位置处,气流攻角已接近翼形失速攻角。结合图 4.14 和图 4.11,可知 TSR＝4.0 为未折叠风轮稳定运行的极限条件,一旦 TSR 低于 4.0,叶片从根部开始逐渐进入失速状态,并且失速状态随转速降低沿叶片展向不断扩展,风轮最终无法稳定运行。

从图 4.11 还可以看出,风能利用系数随折叠角增大而降低,这是由叶片折叠的变桨效应造成的。利用修正叶素动量算法计算实验风轮在折叠过程中叶片桨距角的变化数据。计算结果表明,折叠角为 $5°,10°,15°$ 和 $20°$ 时,叶片桨距角分别增加了 $4.33°,9.17°,13.47°$ 和 $17.75°$,叶片折叠产生的耦合变桨效果明显。

4.4　折叠变桨风轮的气动性能分析

折叠变桨风轮气动性能的分析将涉及以下三方面内容:①折叠轴倾角对风能利用系数的影响。②折叠变桨风轮的风阻推力特性。③风轮的输出功率曲线族。

4.4.1　折叠轴倾角对风能利用系数的影响

叶片折叠轴倾角分别设定为 $40°,50°,60°$ 和 $70°$,结合图 4.13,风轮转速设定为 500r/min,风轮功率设定为 8.87W,经过理论计算,风能利用系数与折叠角关系曲线如图 4.15 所示。C_P 调节灵敏度定义为叶片折叠单位角度时,风能利用系数的变化量。该参数用于表征风轮的功率调节性能,与折叠轴倾角 γ 和折叠角 δ 有关。从图 4.15 可看出,在初始时刻,C_P 值的降低速率随折叠轴倾角增大而升高。不同折叠轴倾角风轮的 C_P 数据列于表 4.5。根据表中数据,对于折叠轴倾角为 $40°,50°,60°$ 和 $70°$ 的情况,折叠角由 $0°$ 增大至 $5°$ 时的风能利用系数调节灵敏度分别为 $-0.012\ 72/(°)$,$-0.014\ 6/(°)$,$-0.016\ 1/(°)$ 和 $-0.017\ 12/(°)$,从该数据可看出,在功率调节的初始时刻,风能利用系数调节灵敏度随折叠轴倾角增大而降低。从图 4.15 还可以看出,随着折叠角增大,C_P 调节灵敏度逐渐升高。在折叠轴倾角为 $60°$ 条件下,叶片折叠角 δ 由 $0°$ 增大至 $5°$ 时,C_P 调节灵敏度为 $-0.016\ 1/(°)$,而当折叠角 δ 由 $15°$ 增大至 $20°$ 时,C_P 由 0.060 降低为 0.039,调节灵敏度仅为 $-0.004\ 2/(°)$。

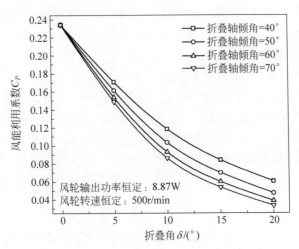

图 4.15　风轮恒功率输出过程的风能利用系数曲线

表 4.5　风轮恒功率输出过程的风能利用系数数据

折叠角 /(°)	风能利用系数 C_P			
	折叠轴倾角＝40°	折叠轴倾角＝50°	折叠轴倾角＝60°	折叠轴倾角＝70°
0	0.234 2	0.234 2	0.234 2	0.234 2
5	0.170 6	0.161 2	0.153 7	0.148 6
10	0.118 4	0.103 5	0.092 9	0.086 1
15	0.084 0	0.069 8	0.059 7	0.053 5
20	0.060 2	0.047 1	0.038 6	0.033 2

4.4.2　折叠变桨风轮的风阻推力性能

风阻推力性能为风轮的另一项重要性能,叶片折叠变桨的目的之一为实现风阻推力的调节。基于图 4.11 中的参数,理论计算折叠轴倾角为 60°、风速为 5m/s 条件下,不同折叠角风轮承受的风阻推力。计算结果转化为风阻推力系数 C_T,C_T 的计算公式如式(4-23)所示,C_T-TSR 曲线如图 4.16 所示。与图 4.11 风轮 C_P-TSR 曲线类似,风阻推力系数随叶尖速比降低而升高。叶尖速比的降低,增大了气流的攻角,在叶片失速发生前,气流同时产生更高的升力和阻力,两者在垂直于风轮面方向上的叠加,使得风轮承受的风阻推力增大。对比不同折叠角风轮 C_T-TSR 曲线,风阻推力系数随折叠角增大而降低。对于未折叠风轮,叶片失速前 C_T 最大值为 0.324,而在

折叠角为 $5°,10°,15°$ 和 $20°$ 情况下,风轮 C_T 最大值分别降低为 0.203,$0.162,0.126$ 和 0.086,减小比例最多达 73.46%,叶片折叠产生的风阻推力调节效果显著。

$$C_T = \frac{2T}{\rho A v_0^2} \tag{4-23}$$

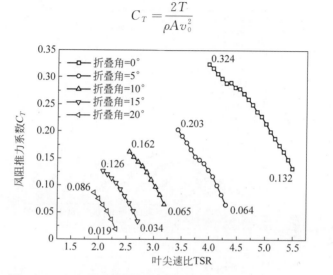

图 4.16　5m/s 风速折叠变桨风轮的风阻推力系数计算结果

4.4.3　折叠变桨风轮的功率曲线族

　　风轮功率曲线族为不同风速下风轮的功率曲线集合,综合反映了风轮的功率输出特性,是进行风轮功率调控的基础。利用修正叶素动量算法,获取了实验风轮的功率曲线族。实验风轮的折叠轴倾角为 $60°$,功率曲线族如图 4.17 所示。从图中不难发现,随风速增大,风轮的功率和转速均升高。在相同风速下,折叠角增大的同时减小了风轮的输出功率和转速。这种变化趋势充分体现了叶片的折叠变桨效应。与图 4.11 相同,在所研究的风速和折叠角范围内,风轮转速低于极限值时,叶片大部分区域将进入失速区间,风轮无法稳定旋转,该时刻风轮输出最大的扭矩值,图 4.17 仅计算了风轮稳定运行阶段的输出功率。图 4.17 充分表达了实验风轮的功率、转速、风速和叶片折叠角之间的关系,全面展示了风轮的功率输出特性。

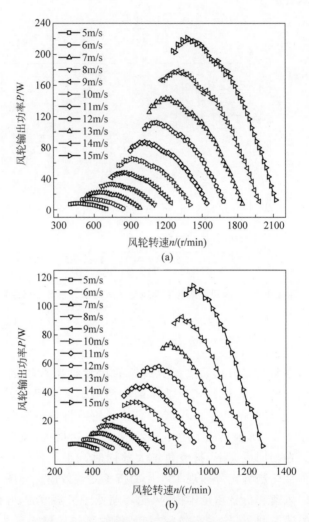

图 4.17 折叠变桨风轮功率曲线族（前附彩图）

（a）折叠角＝0°；（b）折叠角＝10°；（c）折叠角＝20°；（d）折叠角＝30°

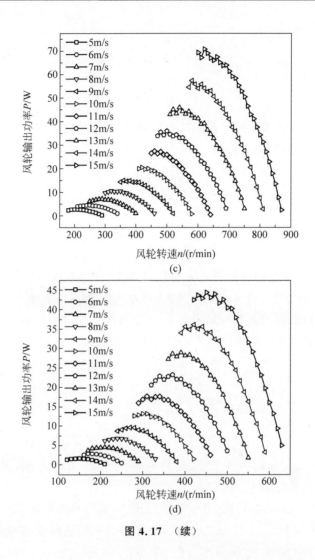

图 4.17 （续）

4.5　折叠变桨风轮的气动性能调节机理

4.5.1　风轮气动性能调节的影响因素

　　风能利用系数 C_P 与风阻推力系数 C_T 是表征风轮气动性能的重要参数,其表达式分别如式(4-22)与式(4-23)所示。C_P 与 C_T 分别来源于风轮旋转力矩微分 dM 与风阻推力微分 dT,dM 与 dT 表达式为式(4-11)。在小攻角范围内,可以忽略气动阻力的作用,将 dM 与 dT 进行简化,如式(4-24)所示。

$$\begin{cases} dM = \dfrac{1}{2}\rho w^2 Ncr C_L \sin\varphi \, dr \\[2mm] dT = \dfrac{1}{2}\rho w^2 Nc C_L \cos\varphi \, dr \end{cases} \tag{4-24}$$

将零折叠角风轮的叶素旋转力矩 dM_0 和风阻推力 dT_0 作为参考,考虑式(4-24),折叠后的叶片与参考叶片的旋转力矩比 dM/dM_0 与风阻推力比 dT/dT_0 可表达为式(4-25)。

$$\begin{cases} \dfrac{dM}{dM_0} = \dfrac{w^2 C_L \sin\varphi}{w_0^2 C_{L0} \sin\varphi_0} \\[3mm] \dfrac{dT}{dT_0} = \dfrac{w^2 C_L \cos\varphi}{w_0^2 C_{L0} \cos\varphi_0} \end{cases} \tag{4-25}$$

式中,w,C_L,φ 分别为折叠叶素的相对风速、升力系数、相对风速角。w_0,C_{L0},φ_0 分别为参考叶素的相对风速、升力系数、相对风速角。

参考图 4.4,气流相对风速角 φ、来流风速 v、风轮切向速度 Ωr、气流轴向诱导因子 a 和周向诱导因子 a' 之间的关系如式(4-26)所示。

$$\begin{cases} \sin\varphi = \dfrac{v(1-a)}{w} \\[3mm] \cos\varphi = \dfrac{(\Omega r)(1+a')}{w} \\[3mm] w = \sqrt{[v(1-a)]^2 + [(\Omega r)(1+a')]^2} \end{cases} \tag{4-26}$$

式中,v 和 Ωr 分别为来流风速和风轮的旋转切向速度,其表达式如式(4-19)所示。

根据空气动力学理论,在小攻角范围内,翼形升力系数 C_L 与气流攻角 α 呈正比例关系[105]。结合式(4-25)与式(4-26),折叠叶素与参考叶素的旋转力矩比 dM/dM_0 与风阻推力比 dT/dT_0 可表示为式(4-27)。为了体现折叠风轮与参考风轮叶尖速比的区别,将折叠风轮的来流风速 v_r、旋转角速度 Ω_r 和相对风速 w_r 引入式(4-27)。

$$\begin{cases} \dfrac{dM}{dM_0} = \left(\dfrac{wv}{w_r v_r}\right)\left(\dfrac{w_r v_r(1-a)}{w_0 v_0(1-a_0)}\right)\left(\dfrac{\alpha}{\alpha_0}\right) \\[3mm] \dfrac{dT}{dT_0} = \left(\dfrac{w(\Omega r)}{w_r(\Omega_r r)}\right)\left(\dfrac{w_r \Omega_r(1+a')}{w_0 \Omega_0(1+a_0')}\right)\left(\dfrac{\alpha}{\alpha_0}\right) \end{cases} \tag{4-27}$$

式中,v_r 为折叠风轮的风速,Ω_r 为折叠风轮的旋转角速度。w_r 为折叠风轮的相对风速,其计算公式如式(4-28)所示。

$$w_r = \sqrt{v_r^2 + (\Omega_r r)^2} \tag{4-28}$$

对式(4-27)中各系数进行标记,如式(4-29)所示。其中,f_{mp1} 和 f_{mt1} 分别反映了叶片折叠过程中风轮锥角变化引起的旋转力矩变化和风阻推力变化。f_{wp} 和 f_{wt} 分别反映了折叠风轮和参考风轮运行状态不同引起的旋转力矩变化和风阻推力变化。f_α 为叶片折叠后气流攻角与参考叶片气流攻角的比值,反映了叶片折叠过程中的变桨效果。

$$\begin{cases} f_{mp1} = \dfrac{wv}{w_r v_r} \\[2mm] f_{mt1} = \dfrac{w(\Omega r)}{w_r(\Omega_r r)} \\[2mm] f_{wp} = \dfrac{w_r v_r(1-a)}{w_0 v_0(1-a_0)} \\[2mm] f_{wt} = \dfrac{w_r \Omega_r(1+a')}{w_0 \Omega_0(1+a'_0)} \\[2mm] f_\alpha = \dfrac{\alpha}{\alpha_0} \end{cases} \tag{4-29}$$

叶片折叠后叶素的旋转力矩 $\mathrm{d}M$ 与风阻推力 $\mathrm{d}T$ 由式(4-24)表达,对载荷进行分解,获取折叠风轮有效的旋转力矩微分 $\mathrm{d}M'$ 与风阻推力微分 $\mathrm{d}T'$。在旋转面坐标系下,叶素所受的旋转力矩向量为 $\mathrm{d}\boldsymbol{M} = \begin{bmatrix} 0 & \mathrm{d}M & 0 \end{bmatrix}^\mathrm{T}$,风阻推力向量为 $\mathrm{d}\boldsymbol{T} = \begin{bmatrix} 0 & \mathrm{d}T & 0 \end{bmatrix}^\mathrm{T}$。参考图 4.1~图 4.3,空间变换矩阵 $\boldsymbol{K}_z^{-1}$、$\boldsymbol{K}_\delta^{-1}$ 和 $\boldsymbol{K}$ 分别表示旋转面坐标系变换至叶片坐标系、叶片坐标系变换至原始坐标系和原始坐标系变换至投影面坐标系的过程。对叶素载荷向量 $\mathrm{d}\boldsymbol{M}$ 和 $\mathrm{d}\boldsymbol{T}$ 分别进行投影运算,获取投影面坐标系下风轮有效的旋转力矩 $\mathrm{d}M'$ 和风阻推力 $\mathrm{d}T'$,其计算公式如式(4-20)所示。经简化,$\mathrm{d}M'$ 和 $\mathrm{d}T'$ 分别为 $[\boldsymbol{K}^\mathrm{T}[\boldsymbol{K}_\delta^{-1}]^\mathrm{T}[\boldsymbol{K}_z^{-1}]^\mathrm{T}]_{(2,2)}\,\mathrm{d}M$ 和 $[\boldsymbol{K}^\mathrm{T}[\boldsymbol{K}_\delta^{-1}]^\mathrm{T}[\boldsymbol{K}_z^{-1}]^\mathrm{T}]_{(2,2)}\,\mathrm{d}T$。将系数 $[\boldsymbol{K}^\mathrm{T}[\boldsymbol{K}_\delta^{-1}]^\mathrm{T}[\boldsymbol{K}_z^{-1}]^\mathrm{T}]_{(2,2)}$ 标记为 f_{m2},f_{m2} 决定了折叠叶素气动载荷在风轮投影面坐标系下的分量,反映了叶片折叠后锥角的变化对气动载荷方位的影响。结合式(4-27)、式(4-29)和标记 f_{m2},折叠后的叶片与参考叶片的旋转力矩微分比 $\mathrm{d}M'/\mathrm{d}M_0$ 与风阻推力微分比 $\mathrm{d}T'/\mathrm{d}T_0$ 可表达为式(4-30)。

$$
\begin{cases}
\dfrac{\mathrm{d}M'}{\mathrm{d}M_0} = f_{wp}f_{mp1}f_{m2}f_a \\[4mm]
\dfrac{\mathrm{d}T'}{\mathrm{d}T_0} = f_{wt}f_{mt1}f_{m2}f_a
\end{cases}
\tag{4-30}
$$

对式(4-30)进行积分运算,为了区分风轮锥角的变化效果 f_{mp1}、f_{mt1} 和 f_{m2},桨距角变化效果 f_a 和风轮运行状态不同的效果 f_{wp} 和 f_{wt},对积分结果作适当变形。折叠风轮与参考风轮旋转力矩比 M'/M_0 与风阻推力比 T'/T_0 的表达式如式(4-31)所示。

$$
\begin{cases}
\dfrac{M'}{M_0} = \left(\dfrac{\int f_{wp}f_{mp1}f_a\,\mathrm{d}M_0}{\int f_{mp1}f_a\,\mathrm{d}M_0}\right)\left(f_{m2}\dfrac{\int f_{mp1}f_a\,\mathrm{d}M_0}{\int f_a\,\mathrm{d}M_0}\right)\left(\dfrac{\int f_a\,\mathrm{d}M_0}{\int \mathrm{d}M_0}\right) \\[6mm]
\dfrac{T'}{T_0} = \left(\dfrac{\int f_{wt}f_{mt1}f_a\,\mathrm{d}T_0}{\int f_{mt1}f_a\,\mathrm{d}T_0}\right)\left(f_{m2}\dfrac{\int f_{mt1}f_a\,\mathrm{d}T_0}{\int f_a\,\mathrm{d}T_0}\right)\left(\dfrac{\int f_a\,\mathrm{d}T_0}{\int \mathrm{d}T_0}\right)
\end{cases}
\tag{4-31}
$$

风能利用系数 C_P 和风阻推力系数 C_T 分别由旋转力矩 M 和风阻推力 T 计算获取,其表达式如式(4-32)所示。

$$
\begin{cases}
C_P = \dfrac{2M\Omega}{\rho\pi R^2 v^3} \\[4mm]
C_T = \dfrac{2T}{\rho\pi R^2 v^2}
\end{cases}
\tag{4-32}
$$

式中,Ω 为风轮旋转角速度,R 为风轮半径,v 为来流风速。

结合式(4-31),获取折叠风轮与参考风轮的风能利用系数比 C_P'/C_{P0} 和风阻推力系数比 C_T'/C_{T0},如式(4-33)所示。

$$
\begin{cases}
\dfrac{C_P'}{C_{P0}} = \left(\dfrac{\Omega_r v_0^3}{\Omega_0 v_r^3}\dfrac{\int f_{wp}f_{mp1}f_a\,\mathrm{d}M_0}{\int f_{mp1}f_a\,\mathrm{d}M_0}\right)\left(f_{m2}\dfrac{\int f_{mp1}f_a\,\mathrm{d}M_0}{\int f_a\,\mathrm{d}M_0}\right)\left(\dfrac{\int f_a\,\mathrm{d}M_0}{\int \mathrm{d}M_0}\right) \\[6mm]
\dfrac{C_T'}{C_{T0}} = \left(\dfrac{v_0^2}{v_r^2}\dfrac{\int f_{wt}f_{mt1}f_a\,\mathrm{d}T_0}{\int f_{mt1}f_a\,\mathrm{d}T_0}\right)\left(f_{m2}\dfrac{\int f_{mt1}f_a\,\mathrm{d}T_0}{\int f_a\,\mathrm{d}T_0}\right)\left(\dfrac{\int f_a\,\mathrm{d}T_0}{\int \mathrm{d}T_0}\right)
\end{cases}
\tag{4-33}
$$

式中,Ω_r 和 v_r 分别为折叠风轮旋转角速度和来流风速,Ω_0 和 v_0 分别为参考风轮旋转角速度和来流风速。

式(4-33)中,$(\Omega_r v_0^3)/(\Omega_0 v_r^3)$ 和 v_0^2/v_r^2 为折叠风轮与参考风轮旋转角速度和风速的比例关系,是折叠风轮与参考风轮运行状态不同的体现。

式(4-33)表达了折叠风轮与参考风轮 C_P 与 C_T 的比例关系,该关系是在气流攻角小于失速攻角、忽略气动阻力的条件下建立的。表达式反映了折叠风轮与参考风轮运行状态的不同,叶片折叠产生的风轮锥角变化和叶片桨距角变化对风轮气动性能调节的贡献。对式中系数进行区分和定义,定量描述这些因素对风轮 C_P 和 C_T 的影响。分别定义风轮状态因子 F_{wp} 和 F_{wt}、风轮锥角因子 F_{mp} 和 F_{mt} 及风轮变桨因子 F_{ap} 和 F_{at},叶片折叠后风轮 C_P' 与 C_T' 为各因子与参考风轮 C_P 与 C_T 的乘积,各因子表达式如式(4-34)所示,式中的中间变量通过修正叶素动量算法获取。风轮状态因子 F_{wp} 和 F_{wt} 分别描述了风速、旋转速度和气流诱导因子变化对风轮 C_P 和 C_T 产生的影响。风轮锥角因子 F_{mp} 和 F_{mt} 分别描述了叶片折叠后,风轮锥角变化对风轮 C_P 和 C_T 的影响。风轮变桨因子 F_{ap} 和 F_{at} 分别描述了叶片折叠后,叶片桨距角变化对风轮 C_P 和 C_T 的影响。

$$
\begin{cases}
C_P' = F_{wp} F_{mp} F_{ap} C_{P0} \\[2mm]
C_T' = F_{wt} F_{mt} F_{at} C_{T0} \\[2mm]
F_{wp} = \left(\dfrac{\Omega_r v_0^3}{\Omega_0 v_r^3} \dfrac{\displaystyle\int f_{wp} f_{mp1} f_a \, \mathrm{d}M_0}{\displaystyle\int f_{mp1} f_a \, \mathrm{d}M_0} \right) \\[6mm]
F_{mp} = \left(f_{m2} \dfrac{\displaystyle\int f_{mp1} f_a \, \mathrm{d}M_0}{\displaystyle\int f_a \, \mathrm{d}M_0} \right) \\[6mm]
F_{ap} = \left(\dfrac{\displaystyle\int f_a \, \mathrm{d}M_0}{\displaystyle\int \mathrm{d}M_0} \right) \\[6mm]
F_{wt} = \left(\dfrac{v_0^2}{v_r^2} \dfrac{\displaystyle\int f_{wt} f_{mt1} f_a \, \mathrm{d}T_0}{\displaystyle\int f_{mt1} f_a \, \mathrm{d}T_0} \right) \\[6mm]
F_{mt} = \left(f_{m2} \dfrac{\displaystyle\int f_{mt1} f_a \, \mathrm{d}T_0}{\displaystyle\int f_a \, \mathrm{d}T_0} \right) \\[6mm]
F_{at} = \left(\dfrac{\displaystyle\int f_a \, \mathrm{d}T_0}{\displaystyle\int \mathrm{d}T_0} \right)
\end{cases}
\tag{4-34}
$$

4.5.2 风轮气动性能调节因子的算例分析

在本章的风轮恒功率输出实验中,叶片的折叠轴倾角为 60°,风轮的转速设定为 500r/min,输出功率恒定为 8.87W,风速的变化范围为 5～9.54m/s,折叠角的变化范围为 0°～20°。设定风轮在 5m/s 风速时的风能利用系数 C_P 与风阻推力系数 C_T 为参考值。风轮恒功率运行时折叠角与对应风速数据如表 4.3 所示,以该表数据作为输入,利用修正叶素动量算法,对各个实验工况进行计算,结合式(4-34),获取各工况下风轮状态因子 F_{wp} 和 F_{wt},锥角因子 F_{mp} 和 F_{mt} 及变桨因子 F_{ap} 和 F_{at},绘制风轮气动性能调节因子随折叠角的变化曲线,如图 4.18 所示。

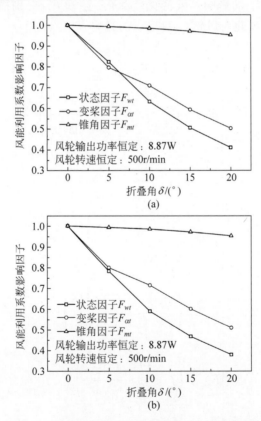

图 4.18 风轮恒功率输出过程性能调节因子变化图

(a) 风能利用系数调节因子;(b) 风阻推力系数调节因子

　　从图 4.18 可看出,风轮变桨因子 F_{ap} 和 F_{at},以及状态因子 F_{wp} 和 F_{wt} 随折叠角增大显著降低,而锥角因子 F_{mp} 和 F_{mt} 变化较小。当折叠角为 $20°$ 时,F_{ap},F_{at},F_{wp} 和 F_{wt} 由初始值 1.0 分别减小为 0.50,0.51,0.41 和 0.38,而 F_{mp} 和 F_{mt} 均仅减小为 0.95。随着风速增大,叶片进行折叠控制,风轮转速恒定为 500r/min,相比未折叠的参考风轮,风轮状态因子逐渐降低。参考表 4.3,在功率调节过程中,折叠随风速升高而逐渐增大,叶片变桨效果逐渐增强。叶片的变桨降低了风能利用系数和风阻推力系数,风轮变桨因子在叶片折叠的过程中不断减小。图中数据显示,风轮锥角因子在叶片折叠过程中变化较小,说明风轮锥角变化在调节风轮气动性能方面的作用有限。风轮的运行状态变化与叶片折叠的变桨效应为风轮气动性能变化的主要因素,叶片折叠的风轮锥角变化效应为次要因素。

　　由于折叠轴倾角影响叶片折叠与变桨的耦合程度,同时也影响折叠角与风轮锥角的耦合程度,因此对变桨因子和锥角因子具有重要的影响。以实验风轮为研究对象,设定恒定风速 5m/s 和恒定转速 500r/min,以未折叠风轮在该工况下的 C_P 和 C_T 作为参考值,计算不同折叠轴倾角条件下,风轮气动性能调节因子随折叠角的变化过程。折叠轴倾角的研究范围为 $40°\sim70°$,角度增量为 $10°$,叶片折叠角的研究范围设定为 $0°\sim6°$。风轮的风能利用系数调节因子与风阻推力系数调节因子随折叠角的变化曲线分别如图 4.19 和图 4.20 所示。

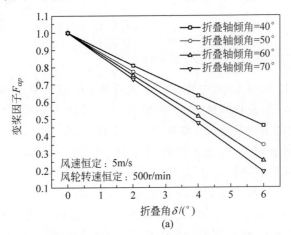

图 4.19　恒风速恒转速条件下风能利用系数调节因子变化图

(a) 变桨因子 F_{mp};(b) 锥角因子 F_{mp};(c) 状态因子 F_{wp}

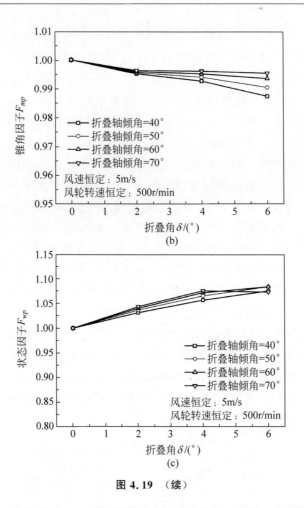

图 4.19　（续）

　　从图 4.19 和图 4.20 中可以看出，在叶片折叠过程中，变桨因子 F_{ap} 和 F_{at} 显著下降。折叠轴倾角为 70° 情况下，当叶片由 0° 折叠至 6°，变桨因子 F_{ap} 和 F_{at} 分别由初始值 1.0 降低至 0.191 和 0.195，而风轮锥角因子 F_{mp} 和 F_{mt} 的变化量较小，变化区间分别为 1.000~0.997 和 1.000~0.996。由于风速和风轮转速恒定，风轮状态因子 F_{wp} 和 F_{wt} 基本保持恒定。在所有工况下，F_{wp} 的最大变化区间为 1.000~1.084，F_{wt} 的最大变化区间为 1.000~1.004。参考 F_{wp} 和 F_{wt} 的表达式(4-34)，风轮状态因子的小幅变化，是由于叶片折叠后，气流诱导因子 a 与 a' 发生了一定程度的变化。图 4.19 和图 4.20 均表明叶片折叠产生的变桨效应是折叠变桨风轮气动性能调节的主要因素。

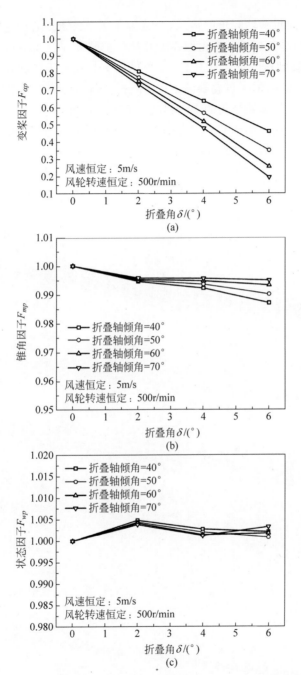

图 4.20　恒风速恒转速条件下风阻推力系数调节因子变化图

（a）变桨因子 F_{at}；（b）锥角因子 F_{mt}；（c）状态因子 F_{wt}

对比不同折叠轴倾角的情况,变桨因子 F_{ap} 和 F_{at} 随折叠轴倾角增大而减小,表明增大折叠轴倾角增强了叶片的变桨效应。而锥角因子 F_{mp} 和 F_{mt} 随折叠轴倾角的增大而升高,其变化规律与变桨因子相反。作为折叠变桨风轮的特性,增大折叠轴倾角在提高折叠角与变桨角耦合程度的同时,降低了折叠角与风轮锥角的耦合程度。由于叶片折叠产生的变桨效应是折叠变桨风轮气动性能调节的主要因素,增强叶片折叠与变桨的耦合效应成为了折叠轴倾角的设计目标。

第5章 折叠变桨风轮结构的参数设计

5.1 引　言

　　风轮结构的参数设计包括叶片折叠轴的参数设计和折叠变桨轮毂结构的参数设计两部分。折叠变桨风轮普适的气动载荷理论是进行风轮结构参数设计的基础,普适的气动载荷理论需要考虑叶片折叠轴径向位置和折叠轴倾角两个设计变量。由第 2 章可知,叶片折叠轴的位置通常设计在叶片根部,以保证良好的变桨效果。这种折叠轴的布置可通过将折叠变桨结构集成于轮毂的形式实现,变桨结构与轮毂的集成具有结构紧凑的特点,非常适合中小型风机。折叠变桨结构取代了传统的变桨轴承,改善了变桨结构的受力模式。折叠变桨风轮结构参数的设计以保证良好的变桨结构受力状态为目标,以较高的功率调节灵敏程度为约束条件。

5.2　考虑折叠轴位置的叶素动量理论

　　折叠变桨叶片分为根部定桨叶片段与外围折叠叶片段,叶片的气动载荷为根部叶片段和外围叶片段载荷的叠加,根部定桨叶片段气动载荷由常规叶素动量算法进行求解。由于倾斜折叠轴的作用,外围叶片段的变桨角与折叠角实现了耦合,且外围叶片段的方位角与风轮的锥角也在叶片折叠过程中发生了变化。为了分析外围叶片段的气动载荷,首先应定义风轮局部坐标系,描述叶片折叠过程中空间方位的变化,对叶片折叠后有效的气流状态参数和气动载荷分量进行分析,并对叶片变桨角和折叠角的关系进行解耦分析。以风轮旋转面坐标系为基准,重新建立气流动量定理方程。基于上述修正,将折叠轴倾角和折叠轴径向位置参数引入叶素动量理论,建立起外围叶片段的气动载荷理论。结合常规叶素动量理论,构建折叠变桨风轮普适的叶素动量理论模型。

5.2.1　风轮局部坐标系

　　风轮原始坐标系和叶片坐标系如图 5.1 所示。叶片坐标系由原始坐标系绕折叠轴旋转而成,其旋转角为外围叶片段折叠角 δ,折叠轴倾角为 γ。原始坐标系变换至叶片坐标系通过变换矩阵 $\boldsymbol{K}_\delta$ 实现,该矩阵表达了外围叶片段的折叠过程。与 4.2.1 节分析相同,矩阵 $\boldsymbol{K}_\delta$ 的表达式由式(4-2)表示,折叠轴倾角 γ 和折叠角 δ 决定了矩阵 $\boldsymbol{K}_\delta$。

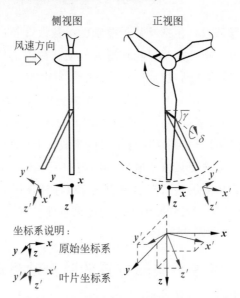

图 5.1　折叠变桨风轮叶片坐标系与原始坐标系(前附彩图)

　　外围叶片段折叠后,其旋转面由平面圆环变为圆锥面环,风轮旋转面坐标系示意图如图 5.2 所示。旋转面坐标系为外围叶片段叶素动量理论方程的基准坐标系。从图中可以看出,旋转面坐标系 $x''y''z''$ 与叶片坐标系 $x'y'z'$ 并未重合,这是由外围叶片段折叠产生的变桨效应造成的。旋转面坐标系 z'' 向量与叶片坐标系 z' 向量重合,y'' 向量位于原始坐标系 yOz 平面内。旋转面坐标系由叶片坐标系绕 z' 轴旋转而成,旋转角表征了外围叶片段折叠过程的变桨效果。叶片坐标系变换至旋转面坐标系由矩阵 $\boldsymbol{K}_z$ 实现,$\boldsymbol{K}_z$ 的表达式如式(4-7)所示。

　　叶片的折叠改变了外围叶片段相对风轮旋转中心的作用力臂,也改变

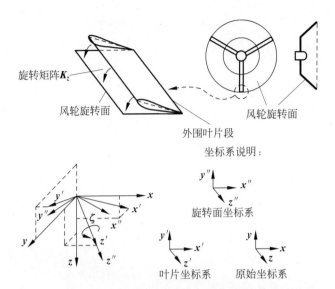

图 5.2　折叠变桨风轮旋转面坐标系与叶片坐标系（前附彩图）

了气动载荷的作用方向。风轮有效的旋转力矩和风阻推力为气动载荷在风
轮投影面坐标系下的分量。投影面坐标系 $x'''y'''z'''$ 如图 5.3 所示。从图中
可以看出,投影面坐标系 y''' 向量与原始坐标系 y 向量相同,y''' 向量为
$\begin{bmatrix} 0 & 1 & 0 \end{bmatrix}^{\mathrm{T}}$,$z'''$ 向量方向与叶素的作用力臂方向相同,因此叶片不同展向位置
具有不同的投影面坐标系。设定根部叶片段长度向量为 $\boldsymbol{r}_1 = \begin{bmatrix} 0 & 0 & r_1 \end{bmatrix}^{\mathrm{T}}$,
展向位置 r 处的外围叶片段长度向量为 $\boldsymbol{r}_2 = \begin{bmatrix} 0 & 0 & r & -r_1 \end{bmatrix}^{\mathrm{T}}$,其中,$r_1$
为根部叶片段的长度。叶片折叠后,外围叶片段长度向量变化为 $\boldsymbol{K}_\delta \boldsymbol{r}_2$,展
向位置 r 处的叶素空间坐标可由向量 $\boldsymbol{r}_1 + \boldsymbol{K}_\delta \boldsymbol{r}_2$ 表达。作叶素坐标向量在
原始坐标系下的投影运算,获取投影面坐标系 z''' 向量,如式(5-1)所示。投
影面坐标系 x''' 向量与 z''' 和 y''' 向量呈正交关系,根据向量运算规则,x''' 向量
可由式(5-2)计算获取。综合投影面坐标系各方向单位向量的表达,原始坐
标系变换至投影面坐标系的变换矩阵 $\boldsymbol{K}$ 如式(5-3)所示。

$$z''' = \frac{\left[\begin{bmatrix} \boldsymbol{r}_1 + \boldsymbol{K}_\delta \boldsymbol{r}_2 \end{bmatrix}_{(1)} \quad 0 \quad \begin{bmatrix} \boldsymbol{r}_1 + \boldsymbol{K}_\delta \boldsymbol{r}_2 \end{bmatrix}_{(3)}\right]^{\mathrm{T}}}{\sqrt{\begin{bmatrix} \boldsymbol{r}_1 + \boldsymbol{K}_\delta \boldsymbol{r}_2 \end{bmatrix}_{(1)}^2 + \begin{bmatrix} \boldsymbol{r}_1 + \boldsymbol{K}_\delta \boldsymbol{r}_2 \end{bmatrix}_{(3)}^2}} \tag{5-1}$$

$$x''' = \frac{\left[\begin{bmatrix} \boldsymbol{r}_1 + \boldsymbol{K}_\delta \boldsymbol{r}_2 \end{bmatrix}_{(3)} \quad 0 \quad -\begin{bmatrix} \boldsymbol{r}_1 + \boldsymbol{K}_\delta \boldsymbol{r}_2 \end{bmatrix}_{(1)}\right]^{\mathrm{T}}}{\sqrt{\begin{bmatrix} \boldsymbol{r}_1 + \boldsymbol{K}_\delta \boldsymbol{r}_2 \end{bmatrix}_{(1)}^2 + \begin{bmatrix} \boldsymbol{r}_1 + \boldsymbol{K}_\delta \boldsymbol{r}_2 \end{bmatrix}_{(3)}^2}} \tag{5-2}$$

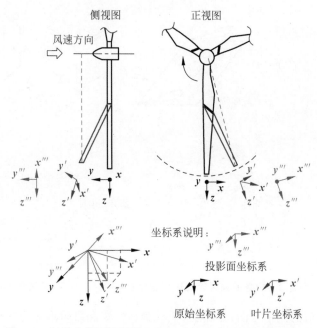

图 5.3　折叠变桨风轮投影面坐标系与叶片坐标系（前附彩图）

$$K = \begin{bmatrix} \dfrac{[\boldsymbol{r}_1 + \boldsymbol{K}_\delta \boldsymbol{r}_2]_{(3)}}{\sqrt{[\boldsymbol{r}_1 + \boldsymbol{K}_\delta \boldsymbol{r}_2]_{(1)}^2 + [\boldsymbol{r}_1 + \boldsymbol{K}_\delta \boldsymbol{r}_2]_{(3)}^2}} & 0 & \dfrac{[\boldsymbol{r}_1 + \boldsymbol{K}_\delta \boldsymbol{r}_2]_{(1)}}{\sqrt{[\boldsymbol{r}_1 + \boldsymbol{K}_\delta \boldsymbol{r}_2]_{(1)}^2 + [\boldsymbol{r}_1 + \boldsymbol{K}_\delta \boldsymbol{r}_2]_{(3)}^2}} \\ 0 & 1 & 0 \\ \dfrac{-[\boldsymbol{r}_1 + \boldsymbol{K}_\delta \boldsymbol{r}_2]_{(1)}}{\sqrt{[\boldsymbol{r}_1 + \boldsymbol{K}_\delta \boldsymbol{r}_2]_{(1)}^2 + [\boldsymbol{r}_1 + \boldsymbol{K}_\delta \boldsymbol{r}_2]_{(3)}^2}} & 0 & \dfrac{[\boldsymbol{r}_1 + \boldsymbol{K}_\delta \boldsymbol{r}_2]_{(3)}}{\sqrt{[\boldsymbol{r}_1 + \boldsymbol{K}_\delta \boldsymbol{r}_2]_{(1)}^2 + [\boldsymbol{r}_1 + \boldsymbol{K}_\delta \boldsymbol{r}_2]_{(3)}^2}} \end{bmatrix}$$

$$(5\text{-}3)$$

5.2.2　气流动量定理方程修正

对于外围折叠叶片段，参考图 4.4，在风轮旋转面坐标系下，叶素的旋转力 $\mathrm{d}F$ 及风阻推力 $\mathrm{d}T$ 表达式如式（5-4）所示。

$$\begin{cases} \mathrm{d}F = \dfrac{1}{2} p w^2 N c \left(C_L \sin\varphi - C_D \cos\varphi \right) \mathrm{d}r \\ \mathrm{d}T = \dfrac{1}{2} p w^2 N c \left(C_L \cos\varphi + C_D \sin\varphi \right) \mathrm{d}r \end{cases}$$

$$(5\text{-}4)$$

式中，w 为相对风速，N 为叶片数量，c 为叶素弦长，C_L 为翼形升力系数，C_D 为翼形阻力系数，φ 为相对风速角。

气流流经风轮面，在垂直于风轮面方向和风轮旋转切向的速度均发生了变化,分别由轴向诱导因子 a 和周向诱导因子 a' 描述气流速度的变化。外围叶片段折叠后,其空间方位发生了改变,旋转面由平面圆环变为圆锥面环。叶片展向 r 处叶素对应的圆锥面微元 $\mathrm{d}A$ 如图 5.4 中阴影部分所示。根部叶片段长度为 r_1,在原始坐标系下可由向量 $\boldsymbol{r}_1 = \begin{bmatrix} 0 & 0 & r_1 \end{bmatrix}^{\mathrm{T}}$ 表示,外围叶片段长度可由向量 $\boldsymbol{r}_2 = \begin{bmatrix} 0 & 0 & r - r_1 \end{bmatrix}^{\mathrm{T}}$ 表达。参考图 5.4,外围叶片段的旋转面积 A 由式(5-5)计算获取。叶片折叠后,外围叶片段长度向量为 $\boldsymbol{r}_2' = \boldsymbol{K}_\delta \boldsymbol{r}_2$。当叶片折叠轴倾角较大时,对式(5-5)中的参数 L_a 和 R_a 进行近似表达,L_a 和 R_a 分别近似为外围叶片段长度 $r - r_1$ 和向量 $\boldsymbol{r}_2'$ 在原始坐标系 xOz 面内的投影长度,L_a/R_a 的表达式如式(5-6)所示。图 5.4 中参数 R_b 为根部叶片段长度 r_1,参数 R 为叶素相对风轮旋转中心的作用力臂,可以通过叶素空间坐标向量 $\boldsymbol{r}_1 + \boldsymbol{r}_2'$ 计算获取,$(R/R_b)^2$ 的表达式如式(5-6)所示。利用式(5-6)对式(5-5)进行化简,获取外围叶片段旋转面面积 A 的理论表达。对旋转面面积进行微分运算,获取面积的微分表达式 $\mathrm{d}A$,如式(5-7)所示。从式中可看出,外围叶片段旋转面面积微分 $\mathrm{d}A$ 与折叠轴倾角 γ 和折叠角 δ 均有关,表达了叶片折叠对风轮扫风面积的影响。当根部叶片段长度 r_1 减小为零时,式(5-7)与 4.2.2 节折叠变桨风轮面积微分表达式一致。

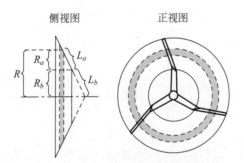

图 5.4　折叠变桨风轮圆锥面微元示意图

$$A = \pi \left[\left(\frac{R}{R_b} \right)^2 - 1 \right] \frac{L_a}{R_a} R_b^2 \tag{5-5}$$

$$\begin{cases} \dfrac{L_a}{R_a} = \dfrac{1}{\sqrt{\boldsymbol{K}_{\delta(1,3)}^2 + \boldsymbol{K}_{\delta(3,3)}^2}} \\[3mm] \left(\dfrac{R}{R_b} \right)^2 = \dfrac{\left[\boldsymbol{K}_{\delta(1,3)}(r - r_1) \right]^2 + \left[\boldsymbol{K}_{\delta(3,3)}(r - r_1) + r_1 \right]^2}{r_1^2} \end{cases} \tag{5-6}$$

$$dA = 2\pi \frac{K_{\delta(1,3)}^2 (r-r_1) + K_{\delta(3,3)}^2 (r-r_1) + K_{\delta(3,3)} r_1}{\sqrt{K_{\delta(1,3)}^2 + K_{\delta(3,3)}^2}} dr \qquad (5\text{-}7)$$

式中,$K_{\delta(1,3)}$ 和 $K_{\delta(3,3)}$ 为矩阵 $\boldsymbol{K}_\delta$ 的元素。

对流经旋转面微元 dA 的气流进行动量变化分析,在风轮旋转切向和垂直于风轮面方向分别利用动量定理,获取风轮微元的旋转力 dF 和风阻推力 dT,dF 和 dT 的表达式如式(5-8)所示。

$$\begin{cases} dF = 4\pi\rho a'(1-a)v_0'(\Omega r)' F_a \dfrac{K_{\delta(1,3)}^2 (r-r_1) + K_{\delta(3,3)}^2 (r-r_1) + K_{\delta(3,3)} r_1}{\sqrt{K_{\delta(1,3)}^2 + K_{\delta(3,3)}^2}} dr \\[3mm] dT = 4\pi\rho a(1-a)(v_0')^2 F_a \dfrac{K_{\delta(1,3)}^2 (r-r_1) + K_{\delta(3,3)}^2 (r-r_1) + K_{\delta(3,3)} r_1}{\sqrt{K_{\delta(1,3)}^2 + K_{\delta(3,3)}^2}} dr \end{cases}$$

$$(5\text{-}8)$$

式中,r 为叶素沿叶片展向的位置,v_0' 为垂直于风轮旋转面的风速,$(\Omega r)'$ 为风轮的旋转切向速度,F_a 为普朗特叶尖损失修正因子,$K_{\delta(1,3)}$ 和 $K_{\delta(3,3)}$ 为矩阵 $\boldsymbol{K}_\delta$ 的元素。

在风轮旋转面坐标系下,结合式(5-4)和式(5-8),经过化简,外围叶片段气流诱导因子 a 和 a' 的表达式如式(5-9)所示。

$$\begin{cases} a = \dfrac{1}{\dfrac{8\pi F_a \sin^2\varphi (K_{\delta(1,3)}^2 (r-r_1) + K_{\delta(3,3)}^2 (r-r_1) + K_{\delta(3,3)} r_1)}{Nc(C_L\cos\varphi + C_D\sin\varphi)\sqrt{K_{\delta(1,3)}^2 + K_{\delta(3,3)}^2}} + 1} \\[6mm] a' = \dfrac{1}{\dfrac{8\pi F_a \sin\varphi\cos\varphi (K_{\delta(1,3)}^2 (r-r_1) + K_{\delta(3,3)}^2 (r-r_1) + K_{\delta(3,3)} r_1)}{Nc(C_L\sin\varphi - C_D\cos\varphi)\sqrt{K_{\delta(1,3)}^2 + K_{\delta(3,3)}^2}} - 1} \end{cases}$$

$$(5\text{-}9)$$

式中,φ 为叶素位置气流的相对风速角,C_L 和 C_D 分别为叶素的升力系数和阻力系数。φ 由垂直于风轮旋转面的风速 v_0'、风轮的旋转切向速度 $(\Omega r)'$ 和气流诱导因子 a 和 a' 计算获取,其表达式如式(5-10)所示。叶素的升力系数与阻力系数由气流的攻角 α 决定,气流攻角为气流相对风速角 φ 与叶素桨距角 β' 的差值,其表达式如式(5-10)所示。

$$\begin{cases} \varphi = \arctan\dfrac{v_0'(1-a)}{(\Omega r)'(1+a')} \\[4mm] \alpha = \left(\arctan\dfrac{v_0'(1-a)}{(\Omega r)'(1+a')}\right) - \beta' \end{cases} \qquad (5\text{-}10)$$

5.2.3　叶素动量理论的变量修正

对于外围折叠叶片段的叶素动量理论方程,其输入变量基准坐标系为旋转面坐标系,而风轮有效的旋转力矩与风阻推力为气动载荷在投影面坐标系下的有效分量。参考图 5.2,叶片坐标系变换至旋转面坐标系的过程,描述了叶片折叠的变桨效应,该坐标系变换过程由旋转矩阵 $\boldsymbol{K}_z$ 实现。在叶片坐标系下,叶素的原始桨距角为 β,其向量表达形式为 $\boldsymbol{\beta}=[-\cos\beta \quad \sin\beta \quad 0]^{\mathrm{T}}$。叶片折叠后,利用旋转矩阵 $\boldsymbol{K}_z$,作叶素桨距角向量 $\boldsymbol{\beta}$ 在旋转面坐标系下的投影运算,获取旋转面坐标系下表达的桨距角向量 $\boldsymbol{\beta}'$。该桨距角为叶片折叠后叶素具有的真实桨距角 β',其表达式如式(5-11)所示。

$$\beta' = \left| \arctan \frac{[\boldsymbol{K}_z^{\mathrm{T}} \boldsymbol{\beta}]_{(2)}}{[\boldsymbol{K}_z^{\mathrm{T}} \boldsymbol{\beta}]_{(1)}} \right| \tag{5-11}$$

叶片折叠同样对垂直于风轮旋转面的风速和风轮旋转的切向速度产生影响。参考图 5.1 和图 5.2,原始坐标系变换至风轮旋转面坐标系由矩阵 $\boldsymbol{K}_\delta$ 和 $\boldsymbol{K}_z$ 实现。在原始坐标系下,来流风速为 $\boldsymbol{v}_0$,其向量表达形式为 $\boldsymbol{v}_0 = [0 \quad v_0 \quad 0]^{\mathrm{T}}$。利用向量的投影运算,风速向量 $\boldsymbol{v}_0$ 在旋转面坐标系下的表达为 $\boldsymbol{v}_0' = \boldsymbol{K}_z^{\mathrm{T}} \boldsymbol{K}_\delta^{\mathrm{T}} \boldsymbol{v}_0$,垂直于风轮旋转面的风速 v_0' 可表示为式(5-12)。原始坐标系下,风轮的旋转角速度为 Ω,其向量表达形式为 $\boldsymbol{\Omega} = [0 \quad \Omega \quad 0]^{\mathrm{T}}$。参考图 5.4,根部叶片段长度为 r_1,根部叶片段长度向量为 $\boldsymbol{r}_1 = [0 \quad 0 \quad r_1]^{\mathrm{T}}$。外围叶片段长度为 r_2,其向量表达形式为 $\boldsymbol{r}_2 = [0 \quad 0 \quad r-r_1]^{\mathrm{T}}$,其中,$r$ 为叶素沿叶片展向的位置。利用矩阵 $\boldsymbol{K}_\delta$,叶片折叠后,外围叶片段长度向量为 $\boldsymbol{r}_2' = \boldsymbol{K}_\delta \boldsymbol{r}_2$。结合向量 $\boldsymbol{r}_1$ 和 $\boldsymbol{r}_2'$,叶片展向 r 处叶素的空间坐标表达为 $\boldsymbol{r}'$,如式(5-13)所示。该叶素位置处风轮的旋转速度由向量 $\boldsymbol{\Omega} \boldsymbol{r}'$ 表示,作该向量在风轮旋转面坐标系下的投影运算,获取投影面坐标系下风轮旋转速度的向量表达,为 $\boldsymbol{K}_z^{\mathrm{T}} \boldsymbol{K}_\delta^{\mathrm{T}} \boldsymbol{\Omega} \boldsymbol{r}'$。基于该旋转速度向量,风轮有效的旋转切向速度 $(\Omega r)'$ 由式(5-14)计算获取。

$$v_0' = [\boldsymbol{K}_z^{\mathrm{T}} \boldsymbol{K}_\delta^{\mathrm{T}} \boldsymbol{v}_0]_{(2)} \tag{5-12}$$

$$\boldsymbol{r}' = \boldsymbol{r}_1 + \boldsymbol{K}_\delta \boldsymbol{r}_2 \tag{5-13}$$

$$(\Omega r)' = \{\boldsymbol{K}_z^{\mathrm{T}} \boldsymbol{K}_\delta^{\mathrm{T}} [\boldsymbol{\Omega} \times (\boldsymbol{r}_1 + \boldsymbol{K}_\delta \boldsymbol{r}_2)]\}_{(1)} \tag{5-14}$$

叶素动量理论获取风轮的旋转力微分 $\mathrm{d}F$ 和风阻推力微分 $\mathrm{d}T$,其基本坐标系为风轮旋转面坐标系,而风轮有效的旋转力矩 M' 和风阻推力 T' 为载荷在投影面坐标系下的分量。参考图5.1～图5.3,旋转矩阵$\boldsymbol{K}_z^{-1}$和$\boldsymbol{K}_\delta^{-1}$分别用于实现旋转面坐标系变换至叶片坐标系,以及叶片坐标系变换至原始坐标系的过程,矩阵$\boldsymbol{K}$用于实现原始坐标系变换至投影面坐标系的过程。在旋转面坐标系下,叶素的旋转力向量为$\mathrm{d}\boldsymbol{F}=[\mathrm{d}F\ \ 0\ \ 0]^{\mathrm{T}}$,风阻推力向量为$\mathrm{d}\boldsymbol{T}=[0\ \ \mathrm{d}T\ \ 0]^{\mathrm{T}}$。利用向量投影运算规则,投影面坐标系下叶素的旋转力向量和风阻推力向量分别为$\mathrm{d}\boldsymbol{F}'=\boldsymbol{K}^{\mathrm{T}}[\boldsymbol{K}_\delta^{-1}]^{\mathrm{T}}[\boldsymbol{K}_z^{-1}]^{\mathrm{T}}\mathrm{d}\boldsymbol{F}$和$\mathrm{d}\boldsymbol{T}'=\boldsymbol{K}^{\mathrm{T}}[\boldsymbol{K}_\delta^{-1}]^{\mathrm{T}}[\boldsymbol{K}_z^{-1}]^{\mathrm{T}}\mathrm{d}\boldsymbol{T}$。叶片折叠后,叶片展向$r$处叶素的空间坐标为$r'$,如式(5-13)所示。利用变换矩阵$\boldsymbol{K}$,在投影面坐标系下,叶素的空间坐标表达为$r''=\boldsymbol{K}^{\mathrm{T}}r'$。叶素的旋转力矩向量$\mathrm{d}\boldsymbol{M}'$由旋转力向量$\mathrm{d}\boldsymbol{F}'$与空间坐标向量$r''$决定,其表达式为$\mathrm{d}\boldsymbol{M}'=\mathrm{d}\boldsymbol{F}'r''$。风轮在投影面内的有效旋转力矩微分$\mathrm{d}M'$和风阻推力微分$\mathrm{d}T'$由式(5-15)计算获取。

$$\begin{cases}\mathrm{d}M'=[[\boldsymbol{K}^{\mathrm{T}}[\boldsymbol{K}_\delta^{-1}]^{\mathrm{T}}[\boldsymbol{K}_z^{-1}]^{\mathrm{T}}\mathrm{d}\boldsymbol{F}]\times[\boldsymbol{K}^{\mathrm{T}}(\boldsymbol{r}_1+\boldsymbol{K}_\delta\boldsymbol{r}_2)]]_{(2)}\\ \mathrm{d}T'=[\boldsymbol{K}^{\mathrm{T}}[\boldsymbol{K}_\delta^{-1}]^{\mathrm{T}}[\boldsymbol{K}_z^{-1}]^{\mathrm{T}}\mathrm{d}\boldsymbol{T}]_{(2)}\end{cases} \quad (5\text{-}15)$$

　　叶片折叠过程中,风轮半径、锥角和叶片方位角的变化远低于桨距角,因此采用普朗特叶尖损失修正因子对外围叶片段的气流动量定理方程进行修正,其表达式如式(5-8)所示。作为合理的简化,忽略了叶片折叠位置叶片几何外形不连续对修正因子的影响,考虑叶片沿展向具有连续几何外形的理想情况。普朗特叶尖损失修正因子F_a如式(5-16)所示[17]。

$$F_a=\frac{2}{\pi}\arccos\left[\exp\frac{(r'-R')N}{2r'\sin\varphi}\right] \quad (5\text{-}16)$$

式中,N为叶片数量,φ为叶素位置气流相对风速角,r'为叶素有效的径向位置,R'为风轮有效半径。

　　对于外围折叠叶片段,在投影面坐标系下,叶素的空间坐标为$r''=\boldsymbol{K}^{\mathrm{T}}r'$,叶素有效的径向位置$r'$及风轮有效半径$R'$由式(5-17)计算获取。式中,$\boldsymbol{r}_1=[0\ \ 0\ \ r_1]^{\mathrm{T}}$,$\boldsymbol{r}_2=[0\ \ 0\ \ r-r_1]^{\mathrm{T}}$,$\boldsymbol{R}_2=[0\ \ 0\ \ R-r_1]^{\mathrm{T}}$,$r_1$为根部叶片段长度,$r$为叶素沿叶片展向位置,$R$为叶片长度。

$$\begin{cases}r'=[\boldsymbol{K}^{\mathrm{T}}(\boldsymbol{r}_1+\boldsymbol{K}_\delta\boldsymbol{r}_2)]_{(3)}\\ R'=[\boldsymbol{K}^{\mathrm{T}}(\boldsymbol{r}_1+\boldsymbol{K}_\delta\boldsymbol{R}_2)]_{(3)}\end{cases} \quad (5\text{-}17)$$

5.2.4　计算流程

　　折叠变桨叶片分为根部定桨叶片段和外围折叠叶片段,风轮的气动载荷为两部分叶片段载荷的叠加。根部叶片段的叶素动量理论基本方程如式(2-13)～式(2-16)所示,外围叶片段的叶素动量理论基本方程如式(5-9)～式(5-16)所示。折叠变桨风轮叶素动量理论考虑了叶片的失速延迟效应,采用 Du 和 Selig[56] 提出的修正模型,对翼形二维升力系数与阻力系数进行修正,修正公式如式(4-21)所示。对于外围叶片段,式中的参数均为旋转面坐标系下叶素和气流的参数。

　　采用迭代计算的方式对叶素动量理论基本方程进行求解。首先对叶片沿展向进行叶素划分,区分根部叶片段与外围叶片段。设定参考工况,利用式(4-21)对翼形二维气动参数进行失速延迟修正。根据叶片折叠轴倾角 γ、折叠角 δ、风速 v_0、叶素弦长 c 和桨距角 β 等,分别计算式(4-2)、式(4-7)、式(5-3)、式(5-11)、式(5-12)和式(5-14)。设定气流诱导因子初始值 a_0 和 a_0',开始迭代计算。对于根部叶片段,利用式(2-8)和式(2-14)～式(2-16)分别计算风轮局部实度 σ、初始时刻相对风速角 φ_0、气流攻角 α_0 和叶尖损失修正因子 $F_{a,0}$。依据气流攻角获取修正后的翼形升力系数 $C_{L,3D0}$ 和阻力系数 $C_{D,3D0}$。利用式(2-13)更新气流诱导因子,计算相邻迭代步诱导因子差值 δa 与 $\delta a'$。迭代收敛误差设定为 0.001,当诱导因子差值均小于收敛误差时,停止迭代过程,否则进行下一迭代步的计算。重复上述计算过程,直至迭代收敛。在迭代收敛的基础上,利用式(2-12),计算根部叶片段的旋转力矩 dM 和风阻推力 dT。对根部叶片段各叶素开展上述迭代计算,获取根部叶片段风轮的气动载荷微分结果。在根部叶片段计算的同时也进行外围叶片段气动载荷的计算。以诱导因子初始值 a_0 和 a_0' 作为输入,利用式(5-10)和式(5-16)分别计算迭代初始时刻,外围叶片段叶素的相对风速角 φ_0、气流攻角 α_0 和叶尖损失修正因子 $F_{a,0}$。基于气流攻角 α_0 获取叶素的升力系数与阻力系数。利用式(5-9)更新气流诱导因子 a 和 a',计算相邻迭代步诱导因子差值 δa 与 $\delta a'$,根据迭代收敛误差,判断迭代收敛条件,重复上述计算过程,直至迭代收敛。以收敛的气流诱导因子作为输入,利用式(5-15)获取外围叶片段在投影面坐标系下有效的旋转力矩 dM' 和风阻推力 dT'。对外围叶片段各叶素开展上述迭代计算,获取外围叶片段风轮的旋转力矩微分和风阻推力微分。结合根部叶片段和外围叶片段气动载荷的计算结果,对风轮旋转力矩微分和风阻推力微分沿叶片展向进行积分运算,最终获取风轮的旋转力矩 M 和风阻推力 T。折叠变桨风轮普适叶素动量算法的流程如图 5.5 所示。

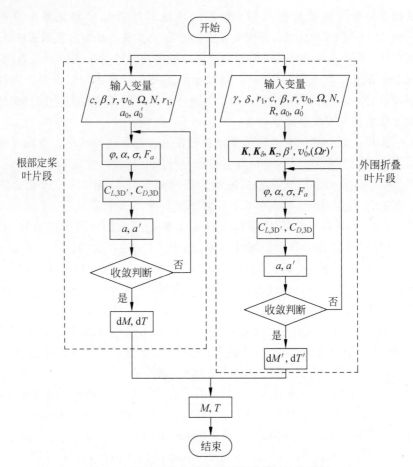

图 5.5　折叠变桨风轮普适叶素动量算法流程图

5.3　折叠轴参数对风轮功率调节能力的影响

本节将以折叠变桨风轮叶素动量理论为基础,研究折叠轴倾角 γ 和折叠轴径向位置 r_1 对风轮功率调节性能的影响。以第 4 章实验风轮为研究对象,计算风轮的风能利用系数曲线,分别研究折叠轴倾角与折叠轴径向位置对风轮功率调节灵敏度的影响。在此基础上,以提高风轮功率调节灵敏度为目标,确定折叠轴参数的设计值。

第 4 章实验风轮的半径为 0.38m,叶片长度为 0.3m,翼形为 NACA 0012 翼形,叶片的弦长和扭角分布见表 4.1。与 4.3.4 节相同,叶片沿展向

划分为等长的 16 段叶素。参考表 4.1,利用插值计算,获取各叶素的弦长
和扭角。叶片初始桨距角设定为 10°,叶素桨距角 β 为叶素扭角与初始桨距
角之和。设定来流风速 5m/s 和风轮转速 600r/min 为参考状态,以叶片尖
端弦长 41mm 作为参考弦长,计算气流的参考雷诺数,为 80 000。根据
Sheldahl 和 Klimas[104] 的研究结果,获取 NACA 0012 翼形在该雷诺数条件
下的气动参数。对翼形升力系数进行失速延迟修正,修正后翼形的升力系
数与阻力系数与 4.3.4 节中的结果相同。以 5m/s 风速作为研究风速,利
用 5.2 节折叠变桨风轮叶素动量理论获取风轮有效的旋转力矩 M 和风阻
推力 T。利用式(4-22),计算风轮的风能利用系数 C_P 和叶尖速比 TSR,对
风轮的功率输出性能进行表征。

首先研究折叠轴倾角对风能利用系数曲线的影响。设定 5 组折叠轴倾
角 γ 参数,变化范围为 40°~80°,增量为 10°。为了使计算结果具有代表性,
同时考虑叶素的划分位置,折叠轴径向位置 r_1 设定为 0.1789,位于 47% 径
向位置。由 4.3.3 节可知,在 5m/s 风速下,风轮在 500~550r/min 转速范
围内具有较高的风能利用系数。因此,设定 4 组风轮转速参数,分别为
520r/min,530r/min,540r/min 和 550r/min。5m/s 风速条件下,不同折叠
轴倾角风轮的风能利用系数曲线如图 5.6 所示。

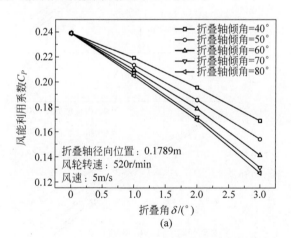

图 5.6　5m/s 风速下不同折叠轴倾角风轮的风能利用系数曲线

(a) 转速=520r/min;(b) 转速=530r/min;(c) 转速=540r/min;(d) 转速=550r/min

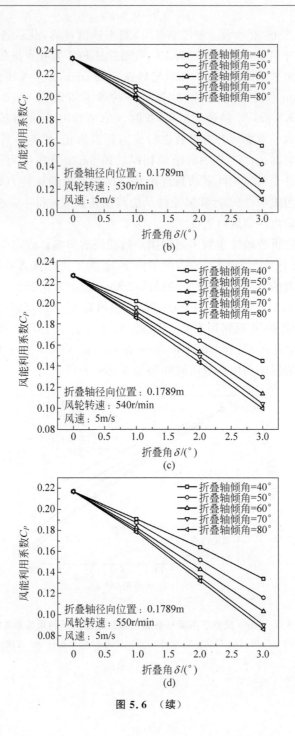

图 5.6 （续）

风能利用系数 C_P 的调节灵敏度定义为叶片折叠单位角度时,风能利用系数的变化量。基于图 5.6 的数据,表 5.1 列出了风轮在 5m/s 风速下,折叠角由 0°增大至 3°时,风轮平均的 C_P 调节灵敏度数据。从表中数据可看出,在给定转速条件下,随着折叠轴倾角的增大,C_P 调节灵敏度降低。当转速为 520r/min 时,折叠轴倾角为 40°风轮的 C_P 调节灵敏度为 $-0.0234/(°)$,而折叠轴倾角增大至 80°,C_P 调节灵敏度降低至 $-0.0374/(°)$,C_P 调节灵敏度绝对值升高为 1.6 倍。在其他转速条件下,C_P 调节灵敏度具有相同的变化趋势。随着折叠轴倾角的增大,C_P 调节灵敏度的变化速率降低,在 520r/min 转速条件下,折叠轴倾角由 40°增大至 50°,C_P 调节灵敏度变化量为 $-0.0049/(°)$,而当折叠轴倾角由 70°增大至 80°时,C_P 调节灵敏度变化量仅为 $-0.0015/(°)$。为了保证风轮具有高效的功率调节能力,同时考虑折叠轴倾角对风能利用系数调节灵敏度的影响,折叠轴倾角 γ 设计为 50°~70°。

表 5.1　折叠轴倾角与 C_P 调节灵敏度数据

折叠轴倾角/(°)	C_P 调节灵敏度/(°)			
	转速=520r/min	转速=530r/min	转速=540r/min	转速=550r/min
40	−0.0234	−0.0251	−0.0271	−0.0277
50	−0.0283	−0.0305	−0.0321	−0.0336
60	−0.0327	−0.0350	−0.0374	−0.0380
70	−0.0359	−0.0383	−0.0406	−0.0423
80	−0.0374	−0.0405	−0.0420	−0.0436

折叠轴径向位置 r_1 为影响风轮功率调节性能的另一项重要参数,利用叶素动量算法研究折叠轴径向位置对风能利用系数曲线的影响。参考叶素的划分位置,设定 5 组折叠轴径向位置 r_1 参数,分别为 0.0150m,0.1424m,0.2154m,0.2886m 和 0.3617m,其相对径向位置分别为 3.94%,37.47%,56.68%,75.95%和95.18%。为了保证风轮具有较高的风能利用系数调节灵敏度,折叠轴倾角 γ 设定为 75°。考虑风速为 5m/s 的情况,设定 4 组风轮转速参数,分别为 520r/min,530r/min,540r/min 和 550r/min。不同折叠轴径向位置风轮的风能利用系数曲线如图 5.7 所示。

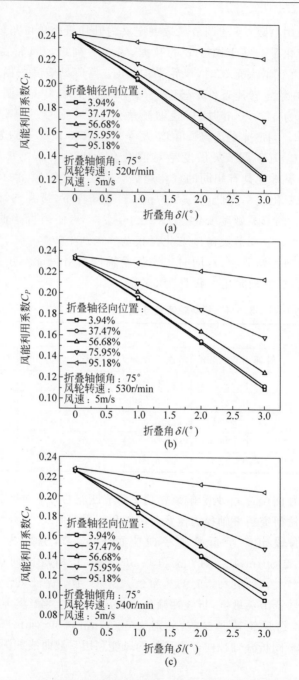

图 5.7　5m/s 风速下不同折叠轴径向位置风轮的风能利用系数曲线

（a）转速＝520r/min；（b）转速＝530r/min；（c）转速＝540r/min；（d）转速＝550r/min

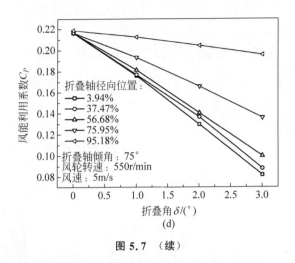

图 5.7　（续）

基于图 5.7 的数据，表 5.2 列出了折叠角由 0°增大至 3°时，风轮平均的 C_P 调节灵敏度数据。从表中数据可知，C_P 调节灵敏度随折叠轴径向位置减小而减小。在转速为 520r/min 的条件下，当折叠轴相对径向位置为 95.18% 时，风轮 C_P 调节灵敏度为 −0.006 6/(°)，当折叠轴径向位置减小至 3.94% 时，C_P 调节灵敏度减小为 −0.039 2/(°)。折叠轴径向位置决定了折叠叶片段的长度，增大折叠叶片段长度提高了风轮的功率调节能力，因此提高了风能利用系数调节灵敏度的绝对值。从表 5.2 中数据可看出，当折叠轴的相对径向位置由 3.94% 增大为 37.47% 时，风轮的 C_P 调节灵敏度变化量较小。该现象与 2.2.4 节风轮功率输出能力分区的结果相对应，当折叠轴径向位置由 30% 风轮半径移动至轮毂中心时，增加的折叠叶片段长度位于风轮的中心低功率输出区，该部分叶片段功率输出能力有限，对风能利用系数调节灵敏度的影响较小。为了保证风轮高效的功率调节能力，折叠轴径向位置 r_1 的设计值确定为 0%～20% 风轮半径。

表 5.2　折叠轴沿风轮径向位置与 C_P 调节灵敏度数据

折叠轴相对径向位置/%	C_P 调节灵敏度/(°)			
	转速=520r/min	转速=530r/min	转速=540r/min	转速=550r/min
3.94	−0.039 2	−0.041 1	−0.043 3	−0.045 1
37.47	−0.038 5	−0.040 2	−0.040 9	−0.043 0
56.68	−0.033 7	−0.035 9	−0.037 9	−0.038 1
75.95	−0.023 1	−0.024 8	−0.026 0	−0.026 9
95.18	−0.006 6	−0.007 2	−0.007 7	−0.007 7

5.4　折叠变桨轮毂的结构与原理

叶片折叠轴径向位置和折叠轴倾角为折叠变桨风轮的关键参数,5.3节的分析结果表明,增大折叠轴倾角 γ 和减小其在风轮的径向位置 r_1 均能提高风轮的功率调节灵敏度绝对值, γ 的设计值为 $50°\sim70°$, r_1 的设计值为 $0\%\sim20\%$ 风轮半径。折叠变桨风轮结构的示意图如图 5.8 所示。

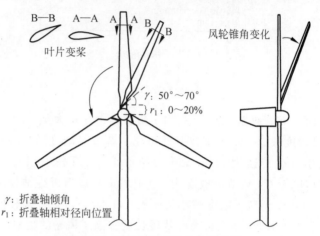

图 5.8　折叠变桨风轮结构示意图

参考图 5.8,叶片折叠轴位于风轮中心区域,易于实现变桨结构与轮毂的集成设计,同时叶片的折叠变桨方式为变桨结构载荷作用形式的改变提供了途径。折叠变桨轮毂结构形式如图 5.9 所示,该轮毂结构集成叶片变桨结构与轮毂,设计紧凑,非常适合中小型风机。轮毂结构由轮毂基座、铰链部件、支撑杆与驱动杆组成。叶片与铰链部件固定连接,驱动杆位于轮毂中心线上,支撑杆通过空间铰链分别连接叶片根部与驱动杆。驱动杆的伸缩运动通过支撑杆转化为叶片的折叠运动。铰链部件具有倾斜的折叠铰链,叶片折叠将产生耦合的变桨效果。折叠铰链的倾角为折叠轴倾角,标记为 γ ,铰链径向位置标记为 l_h 。结合 5.3 节的分析结果与轮毂的结构形式,折叠铰链倾角与径向位置设计值分别为 $50°\sim70°$ 和 $10\%\sim20\%$ 风轮半径。如图 5.9 所示,叶根支撑点径向位置标记为 l_l ,驱动杆长度标记为 l_s ,支撑杆与驱动杆夹角标记为 τ 。

风轮旋转过程中,叶片承受旋转力、风阻推力、重力与离心力的作用,叶

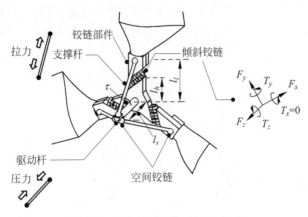

图 5.9　折叠变桨轮毂结构示意图

片的载荷在折叠铰链处产生作用力与力矩,如图 5.9 所示。折叠铰链的力学特性消除了铰链的面外弯矩,使得 $T_x=0$。支撑杆通过空间铰链分别连接叶片根部与驱动杆,起到了分担折叠铰链面外弯矩和叶片离心力的作用,降低了折叠铰链的载荷,并将载荷转化为轴向拉力。支撑杆作为结构件,具备良好的抗拉能力,因此有助于提高结构的力学性能。在支撑杆的作用下,驱动杆承受压力,维持轮毂结构的受力平衡。而常规变桨轴承作为叶片唯一的支撑结构,独立承担叶片所有的作用力与力矩,具备复杂的受力状态。相比变桨轴承,折叠变桨结构改变了载荷的作用形式,同时实现了载荷作用的分散,具备更加良好的受力状态。

　　对于叶片的折叠驱动系统,驱动杆可采用液压杆,也可采用丝杠滑块系统,由电动机作为驱动,以滑块沿丝杠轴向的线性运动带动支撑杆运动,实现叶片的折叠。折叠铰链、支撑杆与驱动杆为轮毂结构的关键部件,叶根支撑点径向位置 l_l、驱动杆初始长度 $l_{s,0}$,以及支撑杆与驱动杆初始夹角 τ_0 影响着变桨结构的载荷状态,为轮毂结构的关键参数。

5.5　折叠变桨轮毂的静力学

5.5.1　折叠变桨轮毂的受力分析

　　叶片在旋转过程中同时承受旋转力 F、风阻推力 T、重力 G 和离心力 C 的作用。将叶片的旋转力、风阻推力、重力和离心力作用中心在风轮的径向位置分别标记为 l_F,l_T,l_G 和 l_C。各载荷作用中心在叶片宽度与厚度方向上的位置差远小于在叶片展向上的位置差,将其忽略,各载荷作用中心设定于叶片展向轴线上。在未折叠情况下,叶片承受的载荷示意图如图 5.10 所示。

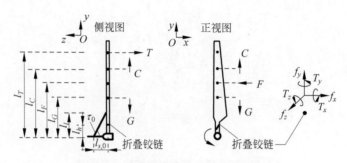

图 5.10　折叠变桨风轮叶片载荷示意图

图 5.10 中的坐标系为叶片随动坐标系,折叠铰链在 x 方向、y 方向和 z 方向上承受的作用力分别标记为 f_x,f_y 和 f_z,承受的作用力矩分别标记为 T_x,T_y 和 T_z,支撑杆承受的拉力载荷标记为 f。在 z 方向上,叶片承受风阻推力 T、支撑杆拉力 f 的分量和折叠铰链提供的力分量 $-f_z$ 的作用。折叠铰链提供反制力矩 $-T_z$、平衡旋转力 F 和重力 G 产生的旋转动力矩。叶片在 z 方向上的平衡方程如式(5-18)所示。在 y 方向上,叶片受离心力 C,重力 G,支撑杆拉力 f 和折叠铰链提供的力分量 $-f_y$ 的作用,其平衡方程如式(5-19)所示。在 x 方向上,旋转力 F 提供叶片的旋转动力,叶片同时受周期性变化的重力 G 和折叠铰链提供的力分量 $-f_x$ 的作用。风阻推力 T 在叶根支撑点产生面外弯矩,折叠铰链力分量 $-f_z$ 产生反制力矩,x 方向上的受力平衡方程如式(5-20)所示。由于叶片通过铰链与轮毂连接,折叠铰链承受的力矩分量 T_x 与 T_y 均为 0。结合式(5-18)~式(5-20),折叠铰链承受的载荷分量 f_x,f_y,f_z,T_x,T_y 和 T_z,以及支撑杆的拉力载荷 f 如式(5-21)所示。

$$\begin{cases} -T + f\cos\tau_0 - f_z = 0 \\ F(l_F - l_h) + G(l_G - l_h)\sin\eta - T_z = 0 \end{cases} \tag{5-18}$$

$$C - G\cos\eta - f\sin\tau_0 - f_y = 0 \tag{5-19}$$

$$\begin{cases} -G\sin\eta - F - f_x = 0 \\ -T(l_T - l_l) + f_z(l_l - l_h) = 0 \end{cases} \tag{5-20}$$

$$
\begin{cases}
f_x = -F - G\sin\eta \\[2mm]
f_y = C - G\cos\eta - \tan\tau_0\left(T + \dfrac{T(l_T - l_l)}{l_l - l_h}\right) \\[3mm]
f_z = \dfrac{T(l_T - l_l)}{l_l - l_h} \\[3mm]
T_x = 0 \\[1mm]
T_y = 0 \\[1mm]
T_z = F(l_F - l_h) + G(l_G - l_h)\sin\eta \\[2mm]
f = \dfrac{1}{\cos\tau_0}\left(T + \dfrac{T(l_T - l_l)}{l_l - l_h}\right)
\end{cases}
\tag{5-21}
$$

式中,η 为叶片的相位角。

从式(5-21)可以看出,折叠铰链弯矩载荷 T_x 与 T_y 均为 0,这是由叶片通过铰链与轮毂连接,消除了折叠轴处的面外弯矩造成的。由于风轮旋转过程中,叶片的重力方向相对叶片展向发生了变化,因此折叠铰链的载荷分量 f_x,f_y 和 T_z 均随叶片的旋转发生周期性变化。

5.5.2　折叠变桨轮毂载荷与结构参数的关系

从式(5-21)可以看出,折叠铰链及支撑杆载荷与叶片气动旋转力 F,风阻推力 T、重力 G、离心力 C 和各载荷作用中心的径向位置 l_F,l_T 和 l_G 有关。同时叶根支撑点径向位置 l_l、折叠铰链径向位置 l_h 和支撑杆与驱动杆初始夹角 τ_0 也影响着折叠铰链及支撑杆的载荷。额定工况下,叶片的气动载荷、重力、离心力及各载荷作用中心的径向位置均为确定量,且折叠铰链径向位置 l_h 的设计值为 10%~20% 风轮半径。因此,轮毂结构参数 l_l 和 τ_0 为决定折叠铰链与支撑杆载荷的关键参数。

由式(5-21)中折叠铰链的载荷 f_y 和支撑杆的拉力 f 可知,叶片离心力 C 由折叠铰链与支撑杆共同承担。离心力分布因子 fc 为支撑杆承担的叶片离心力的比例,表征叶片离心力在折叠铰链与支撑杆间的分配状态,其表达式如式(5-22)所示。离心力分布因子以 1.0 作为平衡值,参考图 5.10 和式(5-21)f_y 的表达式,当离心力分布因子等于 1.0 时,在 y 方向上,折叠铰链承受的载荷 f_y 仅为叶片重力的周期性变化分量 $-G\cos\eta$,载荷具有对称性,其平衡值为 0。叶片的离心力完全由支撑杆承担,折叠铰链具有良好的受力状态。当 fc 大于 1.0 时,在 y 方向上,支撑杆的载荷分量大于叶片离心力,当 fc 小于 1.0 时,支撑杆在 y 方向上的载荷分量小于叶片离心力。

在这样的状态下,折叠铰链承受的载荷平衡值将偏离零点位置,折叠铰链处于非对称周期性变化的受力状态。因此,离心力分布因子 fc 的设计值确定为 $0.8\sim1.2$,以保证支撑杆为叶片离心力的主要承载部件。

$$fc = \frac{\tan\tau_0\left(1 + \dfrac{l_T - l_l}{l_l - l_h}\right)T}{C} \tag{5-22}$$

折叠变桨轮毂另一项重要的载荷为支撑杆的拉力 f。由式(5-21) f 的表达式可知,支撑杆拉力受支撑杆与驱动杆初始夹角 τ_0 和叶根支撑点径向位置 l_l 的影响。拉力因子 ft 为支撑杆拉力 f 与风阻推力 T 的比值,描述结构参数 τ_0 和 l_l 对支撑杆拉力的影响,其表达式如式(5-23)所示。为了降低叶片支撑杆的拉力,在满足风轮功率调节性能要求的前提下,轮毂结构参数 l_l 和 τ_0 的设计值应有效降低拉力因子 ft。

$$ft = \frac{1}{\cos\tau_0}\left(1 + \frac{l_T - l_l}{l_l - l_h}\right) \tag{5-23}$$

在额定工况下,叶片离心力 C,风阻推力 T 及其作用中心的径向位置 l_T 均为已知量,同时折叠铰链径向位置 l_h 也为给定值。结合式(5-22)与式(5-23),拉力因子 ft 与叶根支撑点径向位置 l_l 可由离心力分布因子 fc 和支撑杆与驱动杆初始夹角 τ_0 进行表达,如式(5-24)所示。从式中可以看出,当离心力分布因子 fc 为给定值时,支撑杆拉力因子 ft 取决于支撑杆与驱动杆初始夹角 τ_0,且与 $\sin\tau_0$ 呈反比例关系。叶根支撑点径向位置 l_l 同样由结构参数 τ_0 决定,与 $\tan\tau_0$ 呈正比例关系。

$$\begin{cases} ft = \dfrac{fcC}{(\sin\tau_0)T} \\[3mm] l_l = (\tan\tau_0)\dfrac{(l_T - l_h)T}{fcC} + l_h \end{cases} \tag{5-24}$$

5.5.3　1MW 折叠变桨风轮的轮毂载荷分析

Loth 等人[7]研究了 5MW 风轮的气动性能,该风轮半径为 58m,单只叶片质量为 18 000kg。Loth 等人在研究过程中采用了风轮半径和叶片质量设计的经验公式,如式(5-25)所示[7]。作为一项算例,折叠变桨风轮的分析对象为 1MW 风轮。以 5MW 参考风轮的参数作为输入,通过式(5-25)可得,1MW 风轮的风轮半径和单只叶片质量分别为 25.9m 和 3 054.9kg。设定传动效率与发电效率的总效率为 0.9,则 1MW 风轮单只叶片的额定功率为 0.37MW。

$$\begin{cases} R = R_0 \sqrt{\dfrac{P_{\text{rated}}}{P_{\text{rated},0}}} \\ m = m_0 \left(\dfrac{R}{R_0}\right)^{2.2} \end{cases} \tag{5-25}$$

式中,R,P_{rated} 和 m 分别为 1MW 风轮的风轮半径、额定功率和单只叶片质量;R_0,$P_{\text{rated},0}$ 和 m_0 分别为 5MW 参考风轮的风轮半径、额定功率和单只叶片质量。

　　将叶片沿展向划分为四部分等长的叶片段,叶片段的载荷作用中心设定于叶片段长度的中点。额定工况下,叶片段的功率百分比和质量百分比均以5MW 参考风轮的数据为准[7],列于表 5.3。从表中数据可看出,根部 25%长度叶片段的功率百分比仅为 5%。参考折叠变桨轮毂的设计参数,将该叶片段由折叠变桨轮毂代替,叶片的载荷由外围三部分叶片段产生。利用功率百分比和质量百分比数据,计算各叶片段的额定功率 P_{seg} 与质量 m_{seg},列于表 5.3。对于兆瓦级风机,风轮的额定叶尖速比 λ 一般为 5~7[17],设定 1MW风轮的额定叶尖速比为 6.5,设定额定风速 v_0 为 12.5m/s。风轮的额定旋转角速度 Ω 由式(5-26)计算获取,为 3.14rad/s。作为简化计算,气流的相对风速角 φ 可由式(5-27)获取。叶片段的风阻推力 T_{seg} 可由旋转力 F_{seg}、叶片升阻比 μ 和气流的相对风速角 φ 确定,其表达式如式(5-28)所示[7]。参考 5MW风轮额定工况下的参数,叶片升阻比 μ 设定为 20。叶片段重力 G_{seg}、离心力 C_{seg} 和旋转力 F_{seg} 的计算公式如式(5-28)所示。基于上述基本参数和叶片段载荷计算公式,分别计算各叶片段的额定载荷,并将结果列于表 5.3。

$$\Omega = \lambda \frac{v_0}{R} \tag{5-26}$$

$$\varphi = \arcsin\left(\frac{v_0}{\sqrt{v_0^2 + (\Omega r)^2}}\right) \tag{5-27}$$

$$\begin{cases} G_{\text{seg}} = m_{\text{seg}} g \\ C_{\text{seg}} = m_{\text{seg}} \Omega^2 r \\ F_{\text{seg}} = \dfrac{P_{\text{seg}}}{\Omega r} \\ T_{\text{seg}} = F_{\text{seg}} \left(\dfrac{\mu\cos\varphi + \sin\varphi}{\mu\sin\varphi - \cos\varphi}\right) \end{cases} \tag{5-28}$$

式中,R 为 1MW 风轮半径,25.9m;g 为重力加速度;r 为叶片段质量中心的径向位置；P_{seg} 为叶片段输出功率。

表 5.3　1MW 折叠变桨风轮叶片段的额定载荷数据

叶片段	载荷点径向相对位置	$\dfrac{r}{R}$	$\dfrac{P_{seg}}{P}$	$\dfrac{m_{seg}}{m}$	r_{seg}/m	P_{seg}/MW
1	0.125	0.00～0.25	0.05	0.46	3.24	
2	0.375	0.25～0.50	0.20	0.26	9.71	0.075
3	0.625	0.50～0.75	0.35	0.16	16.19	0.129
4	0.875	0.75～1.00	0.40	0.12	22.66	0.148

叶片段	m_{seg}/kg	G_{seg}/N	C_{seg}/N	F_{seg}/N	T_{seg}/N
1	—	—	—	—	—
2	885.9	8 681.8	84 672.9	2 461.6	6 972.4
3	488.8	4 790.2	77 864.6	2 550.2	13 162.1
4	366.6	3 592.7	81 757.8	2 081.8	16 686.7

　　叶片重力作用中心的径向位置 l_G 由公式 $(G_2 r_2 + G_3 r_3 + G_4 r_4)/(G_2 + G_3 + G_4)$ 计算获取，利用表 5.3 中数据，l_G 的计算结果为 14.26m。采用类似的方法，获取叶片离心力、旋转力和风阻推力作用中心的径向位置数据，列于表 5.4。

表 5.4　1MW 折叠变桨风轮叶片的额定载荷数据

载荷类型	载荷值/N	载荷作用中心的径向位置/m
重力 G	17 064.74	14.26
离心力 C	244 295.38	16.11
旋转力 F	7 093.61	15.84
风阻推力 T	36 821.20	17.90

　　由于叶片根部 25% 长度部分由折叠变桨轮毂代替，参考图 5.10，折叠铰链径向位置 l_h 设定为 3.238m，为 12.5% 风轮径向位置，叶根支撑点径向位置 l_l 设定为 6.475m，为 25% 风轮径向位置，支撑杆与驱动杆初始夹角 τ_0 设定为 60°。

　　表 5.4 中叶片的额定载荷，折叠铰链径向位置 l_h，叶根支撑点径向位置 l_l，以及支撑杆与驱动杆初始夹角 τ_0 为 1MW 折叠变桨风轮的基本参数。以上述参数作为输入，利用式(5-21)～式(5-24)，开展风轮的静力学分析，研究结构参数 l_l 和 τ_0 对轮毂载荷及无量纲因子 fc 和 ft 的影响。采用控制变量法，l_l 的研究范围为 4～8m，τ_0 的研究范围为 40°～70°。轮毂载

荷随叶片相位角发生周期性变化,载荷的理论计算结果以平衡值进行表达。额定工况下,1MW 折叠变桨风轮轮毂载荷随结构参数 l_l 和 τ_0 的变化曲线分别如图 5.11(a)和图 5.11(b)所示。从图中可以看出,折叠铰链载荷分量 f_z 和支撑杆拉力 f 均随着 l_l 的增大而显著降低。而折叠铰链载荷分量 f_y 则随着 l_l 增大逐渐减小为 0,载荷方向发生变化后,继续随着 l_l 增大而升高。当 l_l 为 7.07 时,折叠铰链载荷 f_y 为 0。表明在该结构参数下,叶片离心力完全由支撑杆承担,离心力分布因子 fc 为 1.0。对于图 5.11(b),支撑杆拉力 f 随着 τ_0 的增大而升高,而折叠铰链载荷分量 f_y 则随着 τ_0 增大逐渐减小,当 τ_0 为 57.7° 时,f_y 减小为 0,该状态下离心力分布因子 fc 为 1.0,而后 f_y 方向发生改变,随着 τ_0 增大而升高。

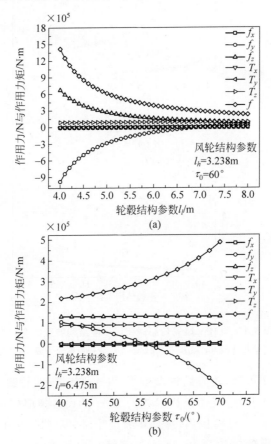

图 5.11　1MW 风轮轮毂载荷随结构参数的变化曲线(前附彩图)

(a) 轮毂载荷随 l_l 变化曲线;(b) 轮毂载荷随 τ_0 变化曲线

图 5.12 为离心力分布因子 fc 与拉力因子 ft 随轮毂结构参数 l_l 与 τ_0 的变化曲线。从图 5.12(a)中可看出,fc 与 ft 均随着 l_l 增大而降低,与图 5.11(a)对应,当 l_l 为 7.07 时,离心力分布因子 fc 为 1.0,折叠铰链在叶片离心力方向上的载荷仅为叶片重力周期性变化的分量。对于图 5.12(b),fc 与 ft 均随 τ_0 增大而升高,与图 5.11(b)对应,当 τ_0 为 57.7 时,离心力分布因子 fc 为 1.0。

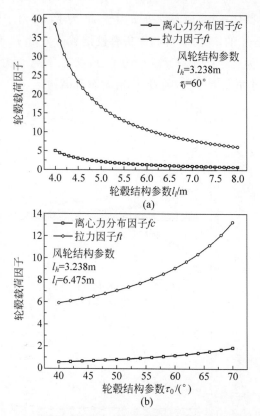

图 5.12　1MW 风轮轮毂载荷因子随结构参数的变化曲线
(a) 轮毂载荷因子随 l_l 变化曲线;(b) 轮毂载荷因子随 τ_0 变化曲线

由图 5.12 可知,轮毂结构参数 l_l 和 τ_0 同时影响轮毂载荷因子 fc 和 ft。如 5.5.2 节所述,轮毂结构参数 l_l 和 τ_0 的设计值应保证离心力分布因子 fc 处于 0.8~1.2 范围内,并且在满足叶片功率调节性能要求的前提下,最大限度地降低拉力因子 ft。设定离心力分布因子 fc 为 0.8,利用式(5-24),绘制拉力因子 ft 与结构参数 l_l 随 τ_0 的变化曲线,如图 5.13 所示。从图中可以看出,增大叶根支撑点的径向位置 l_l,降低了支撑杆拉力因子 ft,叶根支撑点径向位置由 5.55m 增大至 10.73m,拉力因子 ft 降低了 31.6%。

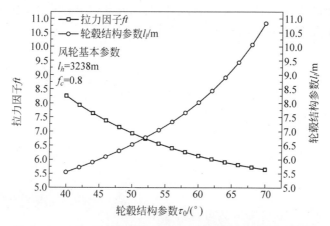

图 5.13　1MW 风轮轮毂拉力因子与轮毂结构参数关系曲线

5.6　折叠变桨轮毂的参数设计

5.6.1　桨距角调节灵敏度分析

对于折叠变桨轮毂,驱动杆的伸缩运动驱动叶片变桨,轮毂桨距角调节灵敏度为驱动杆增加单位长度时叶片桨距角的变化量。轮毂桨距角调节灵敏度与折叠轴参数 γ,l_h 和轮毂结构参数 l_l,τ,l_s 有关。由 5.3 节分析可知,折叠轴倾角 γ 的设计值为 $50° \sim 70°$,折叠铰链径向位置 l_h 的设计值为 $10\% \sim 20\%$ 风轮半径。因此,轮毂桨距角调节灵敏度取决于轮毂结构参数 l_l,τ,l_s。

参考图 5.9,驱动杆长度可由向量 $\boldsymbol{l}_s = \begin{bmatrix} 0 & l_s & 0 \end{bmatrix}^\mathrm{T}$ 表达,折叠轴径向位置的向量为 $\boldsymbol{l}_h = \begin{bmatrix} 0 & 0 & l_h \end{bmatrix}^\mathrm{T}$,折叠轴与叶根支撑点间的长度可由向量 $\boldsymbol{l}_b = \begin{bmatrix} 0 & 0 & l_b \end{bmatrix}^\mathrm{T}$ 进行表达,其中,$l_b = l_l - l_h$。由 5.2.1 节分析可知,在叶片的折叠过程中,向量的旋转可由矩阵 $\boldsymbol{K}_\delta$ 进行描述,因此,叶片折叠后,叶根长度向量 $\boldsymbol{l}_b$ 变化为 $\boldsymbol{l}_b' = \boldsymbol{K}_\delta \boldsymbol{l}_b$。参考矩阵 $\boldsymbol{K}_\delta$ 的表达式(4-2),叶根长度向量 $\boldsymbol{l}_b'$ 如式(5-29)所示。支撑杆长度向量 $\boldsymbol{l}_r$ 由驱动杆长度向量 $\boldsymbol{l}_s$,折叠轴径向位置向量 $\boldsymbol{l}_h$ 和叶根长度向量 $\boldsymbol{l}_b'$ 计算获取,其表达式为 $\boldsymbol{l}_r = \boldsymbol{l}_s - \boldsymbol{l}_h - \boldsymbol{l}_b'$。

在叶片折叠角 δ 为 $0°$ 的初始时刻,支撑杆长度 l_r 由叶根支撑点径向位置 l_l 和支撑杆与驱动杆初始夹角 τ_0 决定,其计算公式如式(5-30)所示。在叶片折叠过程中,支撑杆长度保持不变,因此,向量 l_r 的长度与支撑杆长度 l_r 相等。基于该关系,利用向量运算规则,获取叶片折叠过程中,折叠变桨轮毂结构参数之间的关系,如式(5-31)所示。

$$l'_b = \begin{bmatrix} \sin\gamma\cos\gamma(1-\cos\delta) \\ \cos\gamma\sin\delta \\ \sin^2\gamma + \cos^2\gamma\cos\delta \end{bmatrix} l_b \tag{5-29}$$

$$l_r = \frac{l_l}{\sin\tau_0} \tag{5-30}$$

$$[\sin\gamma\cos\gamma(1-\cos\delta)l_b]^2 + (l_s - \cos\gamma\sin\delta l_b)^2 + [l_h + (\sin^2\gamma + \cos^2\gamma\cos\delta)l_b]^2$$
$$= \left(\frac{l_l}{\sin\tau_0}\right)^2 \tag{5-31}$$

式中,γ 为折叠轴倾角,δ 为叶片折叠角。

由于折叠轴倾角的作用,叶片在折叠过程中产生变桨效果。如 5.2.1 节所述,叶片的变桨角由矩阵 K_z 进行描述,K_z 的表达式如式(4-7)所示,叶片折叠后的桨距角 β' 由式(4-18)计算获取。结合式(4-7)和式(4-18),叶片折叠产生的变桨角 β_b 如式(5-32)所示。

$$\tan\beta_b = \frac{\sin\delta\sin\gamma}{\sin^2\gamma\cos\delta + \cos^2\gamma} \tag{5-32}$$

对式(5-31)进行微分运算,获取叶片折叠角 δ 与驱动杆长度 l_s 之间的微分关系 $\partial\delta/\partial l_s$,该微分关系为叶片折叠角调节灵敏度,表征了驱动杆增加单位长度时,叶片折叠角的变化量。式(5-32)表达了叶片折叠角与叶片变桨角之间的关系,对式(5-32)作微分运算,获取变桨角 β_b 与折叠角 δ 之间的微分关系 $\partial\beta_b/\partial\delta$,该微分关系为叶片变桨角与折叠角耦合度,描述了叶片折叠单位角度时桨距角的变化量。根据微分运算规则,桨距角调节灵敏度 $\partial\beta_b/\partial l_s$ 可由折叠角调节灵敏度 $\partial\delta/\partial l_s$ 和变桨角与折叠角耦合度 $\partial\beta_b/\partial\delta$ 计算获取,其表达式如式(5-33)所示。在折叠角 δ 为 $0°$ 的初始时刻,分别对式(5-31)和式(5-32)进行微分运算,变桨角与折叠角耦合度 $\partial\beta_b/\partial\delta$ 和折叠角调节灵敏度 $\partial\delta/\partial l_s$ 的表达式分别如式(5-34)和式(5-35)所示。结合式(5-33)~式(5-35),初始时刻轮毂桨距角调节灵敏度 $\partial\beta_b/\partial l_s$ 如式(5-36)所示。

$$\frac{\partial\beta_b}{\partial l_s} = \left(\frac{\partial\beta_b}{\partial\delta}\right)\left(\frac{\partial\delta}{\partial l_s}\right) \tag{5-33}$$

$$\frac{\partial \beta_b}{\partial \delta}\bigg|_{\delta=0,\beta_b=0} = \sin\gamma\cos^2\gamma + \sin^3\gamma \tag{5-34}$$

$$\frac{\partial \delta}{\partial l_s}\bigg|_{\delta=0,\beta_b=0} = \frac{l}{\cos\gamma(l_l - l_h)} \tag{5-35}$$

$$\frac{\partial \beta_b}{\partial l_s}\bigg|_{\delta=0,\beta_b=0} = \frac{\sin\gamma\cos^2\gamma + \sin^3\gamma}{\cos\gamma(l_l - l_h)} \tag{5-36}$$

由式(5-36)可知,在叶片折叠的初始时刻,轮毂桨距角调节灵敏度与折叠轴倾角 γ、折叠铰链径向位置 l_h 和叶根支撑点径向位置 l_l 均有关。

5.5 节对 1MW 折叠变桨风轮的轮毂载荷开展了理论分析,额定工况下叶片的载荷数据见表 5.4。1MW 风轮的折叠铰链径向位置 l_h 为 3.238m,参考折叠轴倾角的设计值,设定折叠轴倾角 γ 为 70°。以叶片额定载荷及折叠轴参数 l_h 和 γ 作为输入,利用式(5-36)分析叶根支撑点径向位置 l_l 对桨距角调节灵敏度 $\partial\beta_b/\partial l_s$ 的影响,l_l 的研究范围为 6.475~9.175m。在轮毂结构载荷方面,由 5.5 节可知,轮毂结构参数 l_l 与 τ_0 的设计值应保证离心力分布因子 fc 处于 0.8~1.2 范围内,同时还应有效降低拉力因子 ft。设定离心力分布因子 fc 为 1.0,利用式(5-24),研究叶根支撑点径向位置 l_l 对拉力因子 ft 的影响。折叠变桨轮毂桨距角调节灵敏度 $\partial\beta_b/\partial l_s$ 与拉力因子 ft 随结构参数 l_l 的变化曲线如图 5.14 所示。

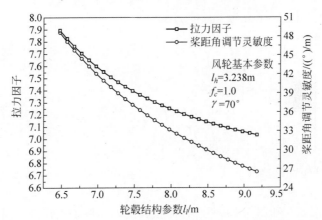

图 5.14 1MW 风轮轮毂桨距角调节灵敏度与拉力因子的变化曲线

从图 5.14 可看出,随着叶根支撑点径向位置 l_l 的增大,轮毂桨距角调节灵敏度与拉力因子均降低。分析图中数据,叶根支撑点相对径向位置由 25%增大至 35.4%,拉力因子降低了 10.9%,而桨距角调节灵敏度降低了

45.9%,叶根支撑点径向位置显著影响轮毂的桨距角调节灵敏度。

5.6.2　折叠变桨轮毂的参数设计准则

　　折叠变桨轮毂的设计指标包括离心力分布因子 fc、拉力因子 ft 和桨距角调节灵敏度 $\partial\beta_b/\partial l_s$。由 5.5.2 节分析可知,离心力分布因子 fc 的设计值为 0.8～1.2。增大叶根支撑点径向位置 l_l 将同时降低轮毂桨距角调节灵敏度和支撑杆拉力因子,因此提高轮毂桨距角调节灵敏度与降低支撑杆拉力为相互制约的两个设计目标。叶片折叠的主要目的之一是实现有效的变桨,由图 5.14 不难发现,轮毂结构参数 l_l 对桨距角调节灵敏度具有显著的影响,轮毂结构参数的设计要首先保证良好的叶片桨距角调节灵敏度。轮毂桨距角调节灵敏度指标设定为当驱动杆长度增大至 $1.5l_{s,0}$ 时,叶片桨距角调节量 β_b 不低于 60°,其中 $l_{s,0}$ 为驱动杆原始长度。轮毂结构参数的设计以该桨距角调节灵敏度指标作为约束条件,以降低支撑杆拉力因子 ft 作为设计目标。由于结构参数 l_l 对桨距角调节灵敏度与对拉力因子产生的调节效果相同,因此,当桨距角调节灵敏度为最低限制值时,支撑杆拉力因子 ft 取得最小值。参考式(5-24)、式(5-31)和式(5-32),轮毂结构参数的设计准则如式(5-37)所示。

$$\begin{cases} [\sin\gamma\cos\gamma(1-\cos\delta)l_b]^2 + (1.5l_{s,0}-\cos\gamma\sin\delta l_b)^2 + \\ \quad [l_h+(\sin^2\gamma+\cos^2\gamma\cos\delta)l_b]^2 = \left(\dfrac{l_l}{\sin\tau_0}\right)^2 \\ l_{s,0}^2 + l_l^2 = \left(\dfrac{l_l}{\sin\tau_0}\right)^2 \\ \tan\beta_b = \dfrac{\sin\delta\sin\gamma}{\sin^2\gamma\cos\delta+\cos^2\gamma} \\ l_l = \tan\tau_0\dfrac{(l_T-l_h)T}{fcC}+l_h \\ l_b = l_l - l_h \\ \beta_b = 60° \end{cases} \quad (5\text{-}37)$$

　　参考图 5.9 和图 5.10,驱动杆原始长度 $l_{s,0}$,叶根支撑点径向位置 l_l 和支撑杆与驱动杆初始夹角 τ_0 均为设计变量。T,C,l_T 分别为额定工况下,单只叶片承受的风阻推力、离心力、风阻推力作用点的径向位置。γ 和 l_h 分别为折叠轴倾角和折叠铰链径向位置,由 5.3 节和 5.4 节分析结果可得,γ 和 l_h 的设计值分别为 50°～70° 和 10%～20% 风轮半径。fc 为离心力分布因子,其设计值为 0.8～1.2。

第6章 针对 1MW 风机的折叠变桨风轮应用

6.1 引 言

折叠变桨轮毂将变桨结构和轮毂进行了集成,轮毂结构紧凑,使得折叠变桨风轮概念非常适用于中小型风机。本章以 1MW 风机作为背景,将折叠变桨风轮的概念加以应用,风轮的分析将涉及以下几个方面:①1MW 折叠变桨风轮的结构参数设计;②风轮的功率输出性能;③折叠变桨风轮与常规变桨风轮的性能对比。

6.2 1MW 风轮的额定参数与叶片参数

6.2.1 额定参数

Jonkman 等人[96]设计了一台额定功率为 5MW 的水平轴风机,其风轮半径为 63m,叶片长度为 61.5m,单只叶片质量为 17 740kg。以该风轮作为参考,对 1MW 风轮的基本参数进行设计。Loth 等人[7]的研究采用了风轮半径与叶片质量的经验设计公式,如式(5-25)所示。利用该公式,以参考风轮的额定功率和叶片质量作为输入,经过计算,1MW 风轮的半径 R 和单只叶片的质量 m 分别为 28.2m 和 3 030kg。额定工况下,风轮的风能利用系数设计范围一般为 0.35~0.5,设定 1MW 风轮的额定风能利用系数为 0.4。风轮额定功率 P_{rated}、额定风能利用系数 $C_{P,rated}$ 与额定风速 v_{rated} 间的关系如式(6-1)所示,利用式(6-1),风轮的额定风速确定为 11.9m/s。风轮的额定叶尖速比 TSR_{rated} 为一项重要参数,决定了额定工况下风轮的转速和气流的相对风速角,对风轮的风能利用系数具有重要影响。5MW 参考风轮的额定叶尖速比设计值为 7.0,参考该数据,考虑风轮半径减小的因素,1MW 风轮额定叶尖速比设定为 6.5。风轮额定叶尖速比 TSR_{rated},额定风速 v_{rated} 和额定转速 n_{rated} 之间的关系如式(6-2)所示。通过式(6-2),风轮的额定转速确定为 26.2r/min。1MW 风轮的基本参数列于表 6.1。

$$P_{rated} = \frac{1}{2}\rho\pi R^2 v_{rated}^3 C_{Prated} \tag{6-1}$$

$$n_{rated} = \frac{60 TSR_{rated} v_{rated}}{\pi D} \tag{6-2}$$

式中,D 为风轮直径,为 56.4m。

表 6.1　1MW 风轮的基本参数

额定功率 /MW	叶片数量	风轮直径 /m	额定风速 /(m/s)	额定转速 /(r/min)	额定叶尖速比
1.0	3	56.4	11.9	26.2	6.5

6.2.2　叶片几何外形与气动参数

5MW 参考风轮的半径为 63m,叶片长度为 61.5m,Jonkman 等人[96]对叶片沿展向划分了 17 份截面,分别获取截面的展向位置、弦长、扭角和翼形类型参数,1MW 风轮叶片以该叶片作为参考进行设计。1MW 风轮半径为 28.2m,以参考叶片截面展向位置为基准,采用等比例缩放的方法,获取叶片对应截面的展向位置参数。对于叶片的弦长设计,保证设计风轮与参考风轮具有相同的实度为常用的设计准则[7,43]。基于该准则,以参考叶片各截面弦长 c_{ref} 为基准,1MW 风轮叶片对应截面的弦长 c 可由式(6-3)计算获取。叶片的扭角和翼形类型与参考叶片保持一致。经过计算,1MW 风轮叶片沿展向共划分为 17 段叶素,其中,展向 0.67~4.34m 叶片段划分为 3 段等长叶素,叶素长度为 1.22m。展向 4.34~5.87m 叶片段划分 1 段叶素,长度为 1.53m。展向 5.87~24.22m 叶片段划分为 10 段等长叶素,叶素长度为 1.84m。展向 24.22~25.75m 叶片段划分为 1 段叶素,长度为 1.53m。展向 25.75~28.2m 叶片段划分为 2 段等长叶素,叶素长度为 1.22m。各叶素截面参数见表 6.2。

$$c = c_{ref} \frac{R}{R_{ref}} \tag{6-3}$$

式中,R 为 1MW 风轮半径,为 28.2m;R_{ref} 为参考风轮半径,为 63m。

表 6.2　1MW 风轮叶片截面的几何参数

参数类型	参　数　值							
展向位置/mm	0.67	1.89	3.11	4.34	5.87	7.71	9.54	11.38
弦长/mm	1.59	1.59	1.73	1.87	2.04	2.08	2.00	1.91
扭角/(°)	13.31	13.31	13.31	13.31	13.31	11.48	10.16	9.01
翼形	Cylinder1	Cylinder1	Cylinder1	Cylinder2	DU40	DU35	DU35	DU30

参数类型	参　数　值									
展向位置/mm	13.21	15.05	16.88	18.72	20.55	22.39	24.22	25.75	26.98	28.2
弦长/mm	1.80	1.68	1.57	1.46	1.35	1.24	1.13	1.04	0.94	0.64
扭角/(°)	7.80	6.54	5.36	4.19	3.13	2.32	1.53	0.86	0.37	0.11
翼形	DU25	DU25	DU21	DU21	NACA64	NACA64	NACA64	NACA64	NACA64	NACA64

Kooijman 等人[106]研究了 5MW 参考风轮叶片翼形的二维升力系数与阻力系数。在额定工况下,1MW 风轮与 5MW 参考风轮具有相近的叶尖速比和风速,叶片表面气流的雷诺数具有相同的数量级,因此 1MW 风轮叶片翼形的二维升力系数与阻力系数参考了 Kooijman 等人的研究结果。考虑 Du 和 Selig[56]提出的叶片失速延迟修正模型,设定风轮额定工况为参考状态,对叶片各截面翼形的升力系数与阻力系数进行修正,修正的攻角范围均为 $0°\sim90°$。从翼形气动参数的修正结果来看,展向 70%～100%叶片段的修正量极小,因此,仅对 0.67～18.72m 展向范围的翼形进行了气动参数的修正。

6.3　1MW 折叠变桨风轮的结构设计

6.3.1　叶片的额定载荷

叶片的额定载荷是进行风轮结构参数设计的基础。参考表 6.1,1MW 风轮的额定转速为 26.2r/min,额定风速为 11.9m/s。2.2.2 节对风轮叶素动量理论进行了分析,其基本方程如式(2-9)～式(2-16)所示。以表 6.2 叶片截面的几何参数和翼形的气动参数为输入,经过计算,额定工况下,风轮输出的实际功率为 1.18MW,风轮承受的风阻推力为 149 954.9N。风轮额定的风能利用系数为 0.463,额定风阻推力系数为 0.703。额定工况下,单只叶片输出的实际功率为 392 068.7W,参考表 6.2 叶素长度与展向位置数据,各叶素的输出功率如图 6.1 所示。从图中可以看出,叶片根部输出的功率较低,展向 0.67～5.87m 叶片段输出的功率为 1 901.3W,仅占叶片总输出功率的 0.48%。叶片尖端的输出功率同样较低,展向 25.75～28.2m 叶片段输出的功率为 36 152.7W,占叶片总功率的 9.2%。中间叶片段为高效的功率输出部分。

Jonkman 等人[96]对 5MW 参考风轮的叶片质量进行了详细分析,沿叶片展向,获取了包括翼形截面在内的 49 个截面位置处的叶片密度数据。对于 1MW 风轮叶片,设定叶片的相对密度分布与参考风轮叶片相同,在对应截面位置,1MW 风轮叶片的密度可通过式(6-4)计算获取。设定叶素的气动载荷作用中心与叶素质量中心重合,并且位于叶素长度的中心位置。利用叶片截面密度 ρ_b 对叶素质量进行计算,获取叶片的质量分布数据,如表 6.3 所示。利用风轮气动载荷的计算结果,获取叶片各叶素在额定工况下的旋转力和风阻推力,将结果列于表 6.3。基于叶素的质量、径向位置和

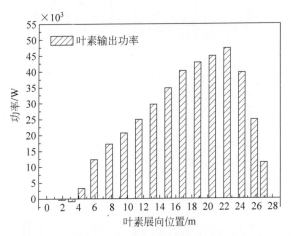

图 6.1　1MW 风轮单只叶片输出功率沿展向分布图

风轮的额定旋转角速度,各叶素的重力和离心力通过式(5-27)计算获取,见表 6.3。

$$\rho_b = \frac{mR_{\mathrm{ref}}}{m_{\mathrm{ref}}R}\rho_{b,\mathrm{ref}} \tag{6-4}$$

式中,ρ_b 为叶片截面密度,m 和 R 分别为单只叶片质量和风轮半径,$\rho_{b,\mathrm{ref}}$ 为参考叶片对应截面的密度,m_{ref} 和 R_{ref} 分别为单只参考叶片质量和参考风轮半径。

6.3.2　1MW 折叠变桨风轮的结构参数设计

　　1MW 折叠变桨风轮结构参数设计包括折叠轴参数设计和轮毂结构参数设计两部分。在折叠轴参数设计方面,由 5.3 节可知,折叠轴倾角的设计范围为 50°~70°,折叠轴径向位置的设计值为 0%~20%风轮半径。结合 1MW 风轮的尺寸,设定折叠轴径向位置 r_1 为 2.82m,为 10%风轮半径,设定折叠轴倾角 γ 为 60°。

　　在折叠变桨轮毂结构参数设计方面,5.6 节提出了轮毂参数的设计准则,结构参数 l_t 和 τ_0 的设计公式如式(5-37)所示。1MW 风轮折叠轴倾角 γ 为 60°,折叠铰链径向位置 l_h 为 2.82m。设定离心力分布因子 fc 为 1.0,保证折叠铰链在叶片离心力方向上具有对称周期性变化的载荷状态。由于折叠铰链径向位置大于叶片根部叶素的径向位置,对表 6.2 与表 6.3 的数据进行修正。将径向 3.11m 截面移至 2.82m 位置,保证该截面与折叠铰链的径向

表 6.3 1MW 风轮叶片的叶素额定载荷数据

参数类型	参数值							
叶素长度/m	1.84	1.22	1.22	1.53	1.84	1.84	1.84	1.84
质量中心沿风轮径向距离/m	1.28	2.51	3.73	5.11	6.79	8.62	10.46	12.29
质量/kg	362.24	297.19	201.77	251.50	275.39	251.15	238.44	220.67
重力/N	3 550.0	2 912.5	1 977.4	2 464.7	2 698.8	2 461.2	2 336.7	2 162.6
离心力/N	3 499.1	5 607.8	5 665.6	9 668.0	14 073.8	16 304.3	18 773.6	20 423.1
旋转力/N	−22.7	−54.6	−82.9	188.3	653.6	721.6	718.1	735.5
风阻推力/N	72.8	92.0	97.2	550.4	1 486.0	1 985.7	2 369.1	2 836.9

参数类型	参数值								
叶素长度/m	1.84	1.84	1.84	1.84	1.84	1.84	1.53	1.22	1.22
质量中心沿风轮径向距离/m	14.1	16.0	17.8	19.6	21.47	23.3	25.0	26.4	27.6
质量/kg	197.61	176.64	147.11	121.67	102.36	79.71	54.06	32.52	20.00
重力/N	1 936.6	1 731.0	1 441.7	1 192.4	1 003.1	781.2	529.8	318.7	195.6
离心力/N	21 019.1	21 228.0	19 712.0	17 983.8	16 543.3	13 985.7	10 168.6	6 455.0	4 144.2
旋转力/N	764.0	791.1	820.7	796.8	761.3	740.9	579.3	345.7	151.5
风阻推力/N	3 360.4	3 897.8	4 480.6	4 960.0	5 377.1	5 779.7	5 018.9	3 934.5	3 685.7

位置相同,截面其余参数保持不变。将与该截面相关的叶素长度进行相应
的修正,径向位置 1.89～3.11m 叶素长度由 1.22m 减小为 0.93m,质量中
心的径向位置减小为 2.36m。径向位置 3.11～4.34m 的叶素长度由
1.22m 增大至 1.52m,质量中心的径向位置减小为 3.58m。由于叶素长度
修正量较小,设定叶素的质量和额定载荷保持不变。外围 15 段叶素组成了
折叠变桨叶片段,折叠铰链承受的载荷由该叶片段产生。因此,轮毂结构参
数设计以 2.82～28.2m 叶片段额定载荷作为基准。折叠叶片段的重力作
用点径向位置 l_G 可由式(6-5)计算获取,利用表 6.3 中的数据和考虑部分
叶素径向位置的调整,折叠叶片段参数 l_G 为 12.11m。利用式(6-5),分别
代入径向 2.82～28.2m 各叶素的离心力、旋转力和风阻推力数据,获取折
叠叶片段各载荷作用中心的径向位置参数,见表 6.4。

$$l_G = \frac{\sum G_i r_i}{\sum G_i} \tag{6-5}$$

表 6.4　1MW 风轮折叠叶片段的额定载荷数据

载 荷 类 型	载荷值/N	载荷作用中心的径向位置/m
重力 G	23 231.5	12.11
离心力 C	216 148.1	15.33
旋转力 F	8 685.9	16.46
风阻推力 T	49 820.2	19.23

　　参考表 6.4,额定工况下,叶片所受的风阻推力 T 为 49 820.2N,作用
点径向位置 l_T 为 19.23m,叶片的离心力 C 为 216 148.1N。以上述数据作
为输入,计算式(5-37),获取折叠变桨轮毂的结构参数。经过计算,参考
图 5.9 与图 5.10,对于 1MW 折叠变桨风轮,叶根支撑点径向位置 l_l 的设
计值为 7.55m,为风轮半径的 26.79%,支撑杆与驱动杆初始夹角 τ_0 的设
计值为 51.39°,驱动杆初始长度 $l_{s,0}$ 的设计值为 6.03m,支撑杆拉力因子
ft 为 5.55。

6.3.3　1MW 折叠变桨风轮桨距角调节灵敏度分析

　　桨距角调节灵敏度为衡量轮毂变桨能力的重要指标。5.6.1 节利用向
量表征折叠变桨轮毂的结构参数,获取了叶片折叠过程中结构参数之间的
关系,如式(5-31)所示,叶片折叠产生的变桨角 β_b 由式(5-32)计算获取。
以 1MW 折叠变桨风轮的结构参数作为输入,利用式(5-31)和式(5-32),分

别计算叶片折叠过程中叶片折叠角与变桨角随驱动杆长度的变化曲线,如图 6.2 所示。从图中可以看出,随着驱动杆增长,叶片折叠角与变桨角均逐渐增大。由于折叠轴倾角 γ 为 60°,叶片变桨角与折叠角之间的耦合程度较高,因此,两者的差值较小。当驱动杆长度增大至 9.0m 时,叶片折叠角为 72.4°,叶片变桨角为 60.0°。

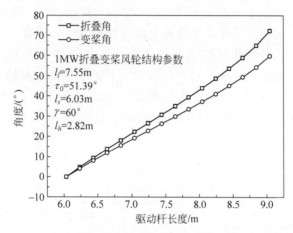

图 6.2　1MW 折叠变桨风轮叶片折叠角与变桨角的变化曲线

式(5-31)描述了叶片折叠角与驱动杆长度之间的关系。对该式进行微分运算,获取叶片折叠角与驱动杆长度间的微分关系 $\partial\delta/\partial l_s$,如式(6-6)所示,该微分关系为轮毂折叠角调节灵敏度,表示驱动杆增加单位长度,叶片折叠角的变化量。式(5-32)表达了叶片变桨角与折叠角之间的耦合关系,通过微分运算,获取变桨角 β_b 与折叠角 δ 之间的微分关系 $\partial\beta_b/\partial\delta$,如式(6-7)所示。微分关系式 $\partial\delta/\partial l_s$ 与 $\partial\beta_b/\partial\delta$ 的乘积,为轮毂桨距角调节灵敏度 $\partial\beta_b/\partial l_s$,表示驱动杆增加单位长度时,叶片桨距角的变化量。

$$\frac{\partial\delta}{\partial l_s}=\frac{\cos\gamma\sin\delta(l_l-l_h)-l_s}{-\cos\gamma\cos\delta(l_l-l_h)l_s-\cos^2\gamma\sin\delta(l_l-l_h)l_h} \tag{6-6}$$

式中,γ 为折叠轴倾角,δ 为叶片折叠角,l_l 为叶根支撑点径向位置,l_h 为折叠轴径向位置,l_s 为驱动杆长度。

$$\frac{\partial\beta_b}{\partial\delta}=\frac{\cos^2\beta_b(\cos\delta\sin\gamma\cos^2\gamma+\sin^3\gamma)}{(\sin^2\gamma\cos\delta+\cos^2\gamma)^2} \tag{6-7}$$

式中,β_b 为叶片变桨角,δ 为叶片折叠角,γ 为折叠轴倾角。

基于图 6.2 中的数据,利用式(6-6)和式(6-7),分别计算轮毂折叠角调节灵敏度与桨距角调节灵敏度随驱动杆长度的变化曲线,如图 6.3 所示。

从图中可以看出,1MW 折叠变桨风轮具有高效的叶片变桨能力,初始时刻桨距角调节灵敏度为 20.96(°)/m。随着驱动杆增长,桨距角调节灵敏度首先呈现降低趋势,达最低值 17.77(°)/m 后,逐渐升高。

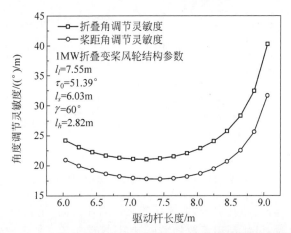

图 6.3　1MW 风轮折叠角调节灵敏度与桨距角调节灵敏度曲线

6.4　1MW 折叠变桨风轮的功率输出性能

6.4.1　叶片折叠角对风轮功率输出性能的影响

风轮的功率调节能力是衡量叶片变桨效果的重要指标,本节将通过理论分析的方式展示叶片折叠对 1MW 折叠变桨风轮功率特性的影响。风轮的额定风速为 11.9m/s,叶片折叠轴径向位置 l_h 为 2.82m,折叠轴倾角 γ 为 60°,以径向 0.67~28.2m 叶片段截面参数作为输入,利用 5.2 节折叠变桨风轮气动载荷理论模型,计算出了额定风速下风轮的气动载荷。利用式(4-22)与式(4-23),获取了风轮的风能利用系数 C_P 与风阻推力系数 C_T。在 11.9m/s 风速下,1MW 折叠变桨风轮的风能利用系数曲线如图 6.4 所示,其中叶片折叠角的变化范围为 0°~20°。

从图中可以看出,未折叠风轮的风能利用系数 C_P 在高转速区间维持较为稳定的状态,当转速降低至临界值时,C_P 逐渐下降。叶片折叠后风轮的 C_P 曲线具有相同的变化趋势。所不同的是,当叶片折叠角较大时,随着转速降低,风能利用系数首先呈现增大的变化趋势。在高转速区间,叶片表面气流攻角小于失速攻角。风轮转速的降低增大了气流的相对风速角和攻

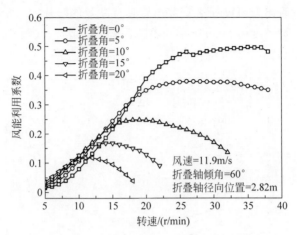

图 6.4   1MW 折叠变桨风轮的风能利用系数曲线

角,使得叶片的气动升力增大,风轮的旋转力矩升高,结合转速变化,当叶片
折叠角较大时,风能利用系数随着转速减小而升高。当风轮转速降低至临
界转速时,气流攻角增大至失速攻角,气流产生的升力随转速的降低逐渐减
小,叶片进入失速阶段。在该阶段,风轮将无法稳定旋转。从图 6.4 中还可
以看出,风能利用系数随叶片折叠角增大而降低,未折叠风轮的风能利用系
数最大值 C_{Pmax} 为 0.50,而对于折叠角为 5°,10°,15° 和 20° 的风轮,C_{Pmax} 分
别降低为 0.38,0.25,0.17 和 0.12。

将风轮旋转力矩随转速的变化曲线绘于图 6.5,从图中可知,对于未折
叠风轮,在高转速区间,风轮的旋转力矩随着转速降低而升高,在临界转速,
风轮输出最大旋转力矩。由于该阶段风轮转速减小量较大,因此,C_P 维持
较为稳定的状态。随着转速进一步的降低,叶片进入失速阶段,风轮的旋转
力矩显著下降,风能利用系数随之降低,风轮进入非稳定运行阶段。叶片折
叠后,风轮旋转力矩-转速曲线具有相同的变化趋势。

1MW 折叠变桨风轮的风阻推力系数随转速变化曲线如图 6.6 所示。
与风能利用系数曲线相同,风阻推力系数随着叶片折叠角的增大而不断
降低。由于叶片折叠过程产生了变桨效果,因此,叶片的旋转力矩和风阻
推力同时降低。未折叠风轮的最大风阻推力系数 C_{Tmax} 为 0.84,对于折叠
角为 5°,10°,15° 和 20° 的风轮,C_{Tmax} 分别降低为 0.50,0.29,0.19 和
0.14。图 6.6 中的数据表明,1MW 折叠变桨风轮具备有效的风阻推力
调节能力。

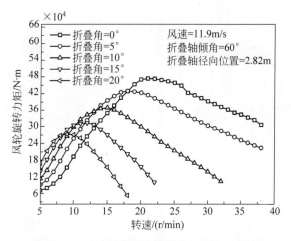

图 6.5　1MW 折叠变桨风轮的旋转力矩曲线

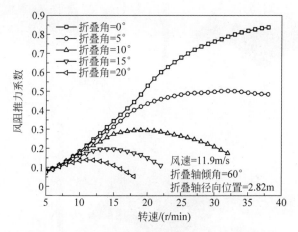

图 6.6　1MW 折叠变桨风轮的风阻推力系数曲线

6.4.2　1MW 折叠变桨风轮的功率曲面

为了全面研究 1MW 折叠变桨风轮的功率输出能力,基于 5.2 节修正叶素动量理论,本节将计算风轮的输出功率曲面。考虑的风速范围为 11～18m/s,折叠角范围为 0°～20°。1MW 折叠变桨风轮的输出功率曲面如图 6.7 所示。

风速的增大显著提高了风轮的输出功率,当风速为 11m/s 时,未折叠风轮的最大功率 P_{max} 为 0.99MW,当风速增大为 18m/s 时,P_{max} 增大为

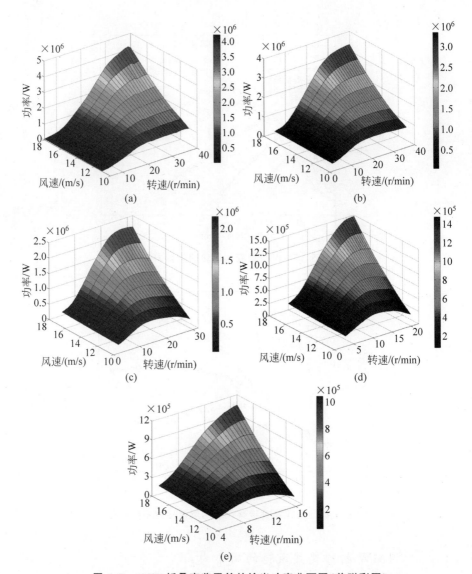

图 6.7　1MW 折叠变桨风轮的输出功率曲面图（前附彩图）

(a) 折叠角＝0°；(b) 折叠角＝5°；(c) 折叠角＝10°；(d) 折叠角＝15°；(e) 折叠角＝20°

4.21MW，理论上风轮输出功率与风速的三次方呈正比例关系。基于图 6.7 中数据，风轮最大输出功率随风速变化曲线如图 6.8 所示。结合图 6.7 与图 6.8，风轮的功率与有效转速均随叶片折叠角增大而降低，这是由叶片折叠的耦合变桨效应造成的。在 12m/s 风速条件下，未折叠风轮的最大功率为 1.31MW,对应的转速为 38.0r/min,当叶片折叠角增大为 5°,10°,15° 和 20° 时,风轮的最大功率分别降低为 0.99MW,0.65MW,0.44MW 和 0.31MW,对应转速分别降低为 27.0r/min,19.0r/min,14.5r/min 和 11.5r/min。观察图 6.7 和图 6.8,13m/s 风速条件下,5°折叠角风轮的最大输出功率为 1.25MW,对应的转速为 35.0r/min,该风轮功率和转速与风速为 11.5m/s 零折叠角风轮的性能相当。该现象表明叶片的折叠限制了高风速下风轮功率与转速的升高。

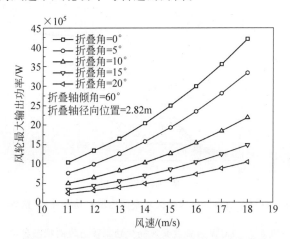

图 6.8 1MW 折叠变桨风轮的最大输出功率曲线

6.4.3 1MW 折叠变桨风轮的功率调控准则

1MW 折叠变桨风轮的额定风速为 11.9m/s,额定转速为 26.2r/min。参考兆瓦级风机的工作参数,设定风轮的切入风速为 3m/s,切出风速为 25m/s。3~11.9m/s 风速段为风轮的欠功率输出段,11.9~25m/s 风速段为风轮的恒功率输出段。在欠功率输出段,风轮的输出功率低于额定功率,随着风速增大,功率逐渐升高。在该风速段,叶片的折叠角保持为 0°,通过调节风轮转速,跟踪风轮的最佳功率输出点,提高风轮在额定风速前的风能利用系数。

在欠功率风速范围内,计算 1MW 风轮在未折叠状态下的功率输出曲线,如图 6.9 所示。从图中可以看出,在各风速下,风轮的输出功率随转速升高而增大,当转速高于临界转速时,风轮的输出功率处于较为稳定状态。风轮在临界转速点具有较高的风能利用系数,而过高的转速将带来更大的惯性载荷,因此临界转速点为风轮在该风速下的最佳功率输出点。在额定风速为 11.9m/s 的情况下,风轮转速设定为额定转速 26.2r/min,此时风轮的输出额定功率为 1.18MW。图 6.9 中虚线为风轮在欠功率段的最佳功率输出线,其与各风速功率曲线的交点为最佳功率输出点。欠功率段风轮的最佳输出功率、转速和风能利用系数见表 6.5。

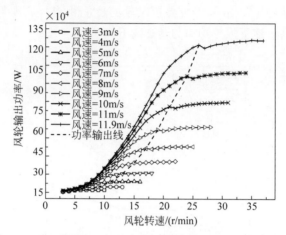

图 6.9　1MW 折叠变桨风轮欠功率风速段的功率曲线(前附彩图)

表 6.5　1MW 折叠变桨风轮欠功率输出段的状态参数

参数类型	参　数　值									
风速/(m/s)	3.0	4.0	5.0	6.0	7.0	8.0	9.0	10.0	11.0	11.9
转速/(r/min)	7.0	9.0	11.0	13.0	15.0	17.0	19.0	21.0	24.0	26.2
功率/kW	19.4	45.2	87.2	155.8	246.4	366.5	520.2	712.6	963.3	1 176.2
风能利用系数	0.48	0.47	0.46	0.48	0.48	0.48	0.47	0.47	0.48	0.46

　　如表 6.5 所示,在 3~11.9m/s 欠功率风速段,风轮的转速和功率随风速升高而增大,风能利用系数处于 0.46~0.48,风轮具有良好的能量利用效率。当风速增大至额定风速 11.9m/s 时,风轮转速和功率均增大至额定值,分别为 26.2r/min 和 1.18MW。

　　当风速超过额定风速时,风轮进入恒功率输出段。在恒功率输出阶段,风轮根据来流风速调整叶片的折叠角,保持转速和功率稳定于额定值。1MW 风轮的折叠轴倾角 γ 为 60°,折叠轴径向位置 l_h 为 2.82m,设定风轮转速为 26.2r/min,输出功率为 1.18MW,利用修正叶素动量理论计算风轮在不同风速下的折叠角。考虑风轮的额定风速与切出风速,风速的研究范

围为 11.9～25.0m/s。结合风轮欠功率输出段的分析结果,在全风速段内,
风轮输出功率与折叠角随风速的变化曲线如图 6.10 所示,风轮的风能利用
系数随风速变化曲线如图 6.11 所示。

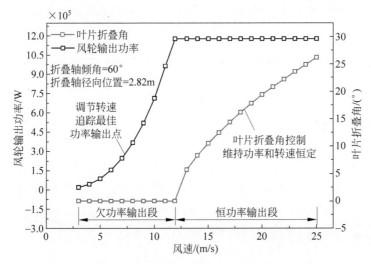

图 6.10　1MW 折叠变桨风轮的功率调控曲线(前附彩图)

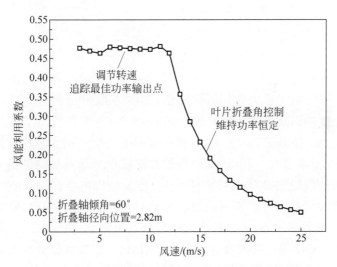

图 6.11　1MW 折叠变桨风轮的风能利用系数调控曲线

从图 6.10 可以看出,在风轮欠功率输出段,叶片折叠角为 0°,风轮采用
转速控制,跟踪最佳功率输出点,实现风能的高效利用。在恒功率输出阶

段,风轮采用叶片变桨控制,随着风速增大,逐步降低风能利用系数和叶尖速比,维持功率和转速稳定于额定值 1.18MW 和 26.2r/min。额定工况下,风轮的风能利用系数为 0.46,叶片折叠角为 0°。当风速增大至 25m/s 的切出风速时,叶片折叠角增大至 26.2°,风能利用系数减小至 0.05。

6.5　1MW 折叠变桨风轮与常规变桨风轮的对比

6.5.1　额定工况下的变桨结构载荷对比

对于常规变桨风轮,叶片与轮毂采用变桨轴承进行连接,叶片与轮毂形成悬臂梁结构,变桨轴承承受叶片所有的作用力与力矩。参考图 5.10,对变桨轴承建立随动坐标系 xyz,设定叶片旋转切向为 x 方向,叶片展向为 y 方向,风轮轴向为 z 方向。根据悬臂梁结构的力学特征,在随动坐标系下,变桨轴承承受的载荷理论表达式如式(6-8)所示。

$$\begin{cases} f_x = -F - G\sin\eta \\ f_y = C - G\cos\eta \\ f_z = -T \\ T_x = -T(l_T - l_p) \\ T_y = 0 \\ T_z = F(l_F - l_p) + G(l_G - l_p)\sin\eta \end{cases} \quad (6\text{-}8)$$

式中,G,C,F 和 T 分别为叶片的重力、离心力、旋转力和风阻推力;l_T 和 l_F 分别为叶片风阻推力作用点在风轮径向的位置和旋转力作用点在风轮径向的位置;l_p 变桨轴承所在风轮径向的位置;η 为叶片相位角。

在折叠铰链随动坐标系下,折叠铰链承受的载荷及支撑杆的拉力载荷由式(5-20)计算获取。图 5.10 中折叠铰链随动坐标系与变桨轴承随动坐标系相同。设定变桨轴承径向位置 l_p 与折叠铰链径向位置 l_h 相同,为 2.82m,保证分析结果具有可比性。对于 1MW 折叠变桨风轮,叶根支撑点径向位置 l_l 为 7.55m,支撑杆与驱动杆初始夹角 τ_0 为 51.39°。由于折叠铰链径向位置大于叶片根部叶素径向位置,6.3.2 节对部分叶素位置和质量中心进行了调整。折叠铰链与变桨轴承承受的载荷均由外围 15 段叶素产生,该叶片段的载荷见表 6.4。以表中数据作为输入,分别利用式(6-8)与式(5-21)计算了额定状态下变桨轴承与折叠铰链承受的载荷。在三组叶片支撑杆的作用下,驱动杆承受轴向压力作用,其载荷值由支撑杆拉力 f

和支撑杆与驱动杆初始夹角 τ_0 计算获取。由于载荷具有周期性变化特征，因此采用最大值、最小值和平均值表征载荷结果。1MW 风轮折叠铰链与变桨轴承额定载荷数据见表 6.6。

表 6.6　1MW 风轮折叠铰链与变桨轴承额定载荷数据

载荷类型	折叠铰链			变桨轴承		
	平均值	最大值	最小值	平均值	最大值	最小值
f_x/N	−8 685.9	14 545.7	−31 917.4	−8 685.9	14 545.7	−31 917.4
f_y/N	−26.7	23 204.8	−23 258.2	216 148.1	239 379.6	192 916.5
f_z/N	122 811.6	122 811.6	122 811.6	−49 820.2	−49 820.2	−49 820.2
T_x/(N·m)	0.0	0.0	0.0	−817 394.5	−817 394.5	−817 394.5
T_y/(N·m)	0.0	0.0	0.0	0.0	0.0	0.0
T_z/(N·m)	118 441.1	334 324.0	−97 441.7	118 441.1	334 324.0	−97 441.7
支撑杆拉力 f/N	276 646.5	276 646.5	276 646.5			
驱动杆压力 f_q/N	517 895.7	517 895.7	517 895.7			

从表中数据可以看出，折叠铰链与变桨轴承的载荷 f_x 相同，均为叶片旋转力和重力分量的合力。折叠变桨轮毂参数设计保证了离心力分布因子 f_c 为 1.0，因此，折叠铰链在叶片展向上具有对称周期性变化的载荷状态，载荷 f_y 的最大值为 23 258.2N。而变桨轴承同时承受叶片离心力和重力的分量，两者叠加的结果使得轴承载荷 f_y 的最大值为 239 379.6N，最小值为 192 916.5N。折叠铰链承受的载荷 f_y 远低于变桨轴承，两者最大值的比例仅为 9.7%。在力矩方面，由于折叠铰链无法承担绕自身旋转轴的力矩，并且假定了气动载荷作用在叶片展向的轴线上，因此作用在折叠铰链 x 和 y 方向上的力矩 T_x 和 T_y 均为 0。而变桨轴承独立承担风阻推力产生的面外弯矩 T_x，其载荷值为 −817 394.5N·m。在 z 方向上，作用在折叠铰链与变桨轴承上的力矩 T_z 相同，均为叶片旋转力矩与重力力矩分量的合成力矩。对于折叠变桨轮毂，支撑杆分担了折叠铰链承受的叶片离心力 f_y 和面外弯矩 T_x，并转化为支撑杆的轴向拉力，拉力载荷 f 为 276 646.5N。在三组叶片支撑杆的作用下，叶片驱动杆的压力载荷 f_q 为 517 895.7N。为了维持结构的稳定，在 z 方向上，折叠铰链承受的载荷 f_z 为 122 811.6N。而在该方向上，变桨轴承承受的作用力为叶片的风阻推力，载荷值为 −49 820.2N。相比变桨轴承，折叠铰链载荷 f_z 方向发生了变化，且载荷有所增大。表 6.6 中的数据说明支撑杆起到了分担叶片离心力和叶片面外弯矩的作

用,实现了折叠铰链载荷的降低与载荷作用分散的效果。离心力分布因子 fc 决定了支撑杆承担叶片离心力的比例,同时显著影响折叠铰链的受力状态,证明了其作为轮毂参数设计指标的重要性。而对于常规变桨风轮,由于叶片与轮毂形成悬臂梁结构,变桨轴承承担由叶片重力、离心力、旋转力和风阻推力产生的作用力与力矩,具有复杂的受力状态。相比变桨轴承,折叠变桨结构具有更加良好的受力状态。

6.5.2　恒功率调节过程的对比

1MW 常规变桨风轮的变桨轴承径向位置 l_p 为 2.82m,参考 6.4.1 节,对叶片沿展向进行叶素划分,叶片变桨仅改变外围 15 段叶素的桨距角,根部叶素桨距角在变桨过程中保持不变。作为对比,1MW 常规变桨风轮的运行过程与折叠变桨风轮相同,恒功率输出段的风速范围为 11.9～25m/s,风轮转速为 26.2r/min,风轮输出功率恒定为 1.18MW。利用叶素动量理论,计算 1MW 常规变桨风轮的恒功率输出过程。结合 6.4.3 节 1MW 折叠变桨风轮的计算结果,将叶片折叠角与叶片变桨角随风速的变化曲线绘于图 6.12。从图中可以看出,折叠变桨风轮具有高效的功率调节能力。当风速增大为 25m/s 时,常规变桨风轮叶片变桨角为 22.8°,折叠变桨风轮叶片折叠角为 26.2°。叶片变桨调节的另一项重要功能为降低风轮承受的风阻推力。1MW 折叠变桨风轮与常规变桨风轮在恒功率输出阶段的风阻推力曲线如图 6.13 所示。从图中可以看出,叶片折叠显著降低了风轮承受的风阻推力。在额定风速 11.9m/s 条件下,折叠变桨风轮的风阻推力为

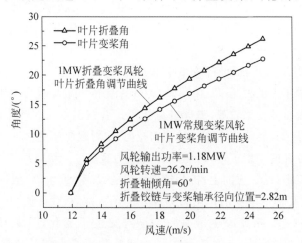

图 6.12　折叠变桨风轮折叠角与常规变桨风轮变桨角调节曲线

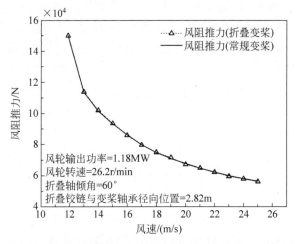

图 6.13 折叠变桨风轮与常规变桨风轮的风阻推力对比图

149 954.9N，风速增大至 25m/s，经过叶片折叠变桨，风阻推力减小至 56 188.1N，减小比例达 62.5%。在相同风速下，折叠变桨风轮承受的风阻推力与常规变桨风轮相当，证明了 1MW 折叠变桨风轮高效的风阻推力调节能力。

6.6 1MW 折叠变桨风轮非额定工况下的载荷

1MW 折叠变桨风轮的恒功率输出段风速范围为 11.9~25m/s，风轮在该阶段具有恒定转速 26.2r/min 和恒定功率 1.18MW，叶片折叠角随风速的变化关系如图 6.10 所示。对于该阶段，将风速分别设定为 11.9m/s，13m/s，14m/s，15m/s，18m/s，21m/s 和 24m/s，利用折叠变桨风轮叶素动量理论，计算了 17 段叶素的旋转力 F_{seg} 和风阻推力 T_{seg}。

设定叶素气动载荷作用中心与叶素质量中心重合，零折叠角状态下各叶素质量中心径向位置见表 6.3。如 6.3.2 节所述，对径向 3.11m 叶素截面进行调整，1.89~3.11m 叶素质量中心径向位置减小为 2.36m，3.11~4.34m 叶素质量中心径向位置减小为 3.58m，其余叶素质量中心位置保持不变。随着叶片的折叠，叶片的空间方位发生了改变。采用向量描述叶片的展向位置，叶片空间方位的变化可由旋转矩阵 $K_δ$ 进行描述，矩阵 $K_δ$ 的表达式如式(4-2)所示。1MW 折叠变桨风轮的折叠轴倾角 $γ$ 为 60°，恒功率输出段，叶片折叠角 $δ$ 随风速变化数据如图 6.10 所示，叶根支撑点径向

位置 l_l 为 7.55m。以表 6.2 与表 6.3 的数据为准,并考虑 6.4.1 节根部叶素位置的调整,叶片外围 15 段叶素的端面、质量中心和叶根支撑点的径向位置均可表达为向量 $r=\begin{bmatrix} 0 & 0 & r \end{bmatrix}^T$,其中 r 为叶素截面、质量中心和叶根支撑点的径向位置。叶片折叠后,叶素端面、质量中心和叶根支撑点的空间坐标表达为向量 $r'=\boldsymbol{K}_\delta r$。利用上述关系,获取了各风速下,外围 15 段叶素端面、质量中心和叶根支撑点的空间坐标。风轮径向 $0.67\sim2.82$m 叶素端面和质量中心的空间位置在叶片折叠过程中保持不变。

参考图 5.9 和图 5.10,驱动杆长度 l_s 与叶片折叠角 δ 的关系可由式(5-30)表达。而支撑杆与驱动杆夹角 τ 可由支撑杆长度向量 l_r 获取,向量 l_r 的表达式为 $l_r=l_s-l_h-l_b'$,其中 $l_s=\begin{bmatrix} 0 & l_s & 0 \end{bmatrix}^T$,$l_h=\begin{bmatrix} 0 & 0 & l_h \end{bmatrix}^T$,$l_b'$ 表达式如式(5-28)所示。根据向量运算规则及向量 l_r 的长度表达式(5-29),支撑杆与驱动杆夹角 τ 可由式(6-9)计算获取。对于 1MW 折叠变桨风轮,叶根长度 l_b 为 4.73m,叶根支撑点径向位置 l_l 为 7.55m,支撑杆与驱动杆初始夹角 τ_0 为 51.39°,折叠轴倾角 γ 为 60°。以轮毂结构参数和图 6.10 折叠角参数作为输入,利用式(5-30)和式(6-9)获取各风速下驱动杆长度 l_s、叶片折叠角 δ 和支撑杆与驱动杆夹角 τ 的数据,见表 6.7。

$$\cos\tau = \frac{\sin\tau_0(l_s-l_b\cos\gamma\sin\delta)}{l_l} \tag{6-9}$$

表 6.7 1MW 风轮折叠变桨轮毂驱动杆长度与叶片折叠角数据

参 数 类 型	参 数 值						
风速/(m/s)	11.9	13.0	14.0	15.0	18.0	21.0	24.0
叶片折叠角/(°)	0.0	5.7	8.3	10.5	16.2	20.8	24.9
驱动杆长度/m	6.03	6.28	6.39	6.49	6.75	6.97	7.16
支撑杆与驱动杆夹角/(°)	51.39	51.27	51.24	51.16	50.93	50.62	50.36

风轮结构的载荷采用多体动力学仿真软件 Adams 进行了计算,对恒功率输出段各风速条件分别建立风轮模型并进行了仿真。考虑风轮结构的周期性,仅对单只叶片和轮毂结构进行建模。参考折叠变桨轮毂结构图 5.9,忽略轮毂外形尺寸,将轮毂基座、支撑杆和驱动杆均简化为梁结构,在风轮中心位置对轮毂基座设定铰接连接,设置风轮的旋转自由度,驱动杆与轮毂基座采用固定连接。忽略叶片的外形尺寸,采用梁结构对叶片进行建模,对应叶片的叶素,将叶片划分为 17 段梁结构,梁结构之间采用固定连接。其中,外围 15 段叶素组成折叠叶片段,根部 2 段叶素与轮毂基座采用固定连

接。外围叶片段与根部叶片段间采用铰接形式连接,设定叶片折叠轴倾角
为 60°,折叠轴径向位置为 2.82m,叶片折叠角与驱动杆长度以所研究风速
下的计算值进行设定,见表 6.7。叶片梁结构端点,梁结构质量中心和叶根
支撑点空间坐标同样由该风速下的计算值进行设定,叶素质量数据见
表 6.3。支撑杆与叶根支撑点、支撑杆与驱动杆间均采用空间铰接形式连
接。以所研究风速下叶素的气动载荷为依据,对叶片各梁结构质量中心施
加旋转力 F_{seg} 和风阻推力 T_{seg}。设定叶片旋转速度为 26.2r/min,重力加
速度为 9.81N/kg。风速分别为 11.9m/s,13m/s,14m/s,15m/s,18m/s,
21m/s 和 24m/s,针对各风速,分别建立折叠变桨风轮模型,并进行计算,获
取风轮稳定运行时的折叠铰链和支撑杆载荷数据。载荷结果以折叠铰链局
部坐标系 $x'y'z'$ 为基准进行表达,该坐标系为叶片随动坐标系,轮毂载荷标
记和局部坐标系 $x'y'z'$ 如图 6.14 所示。

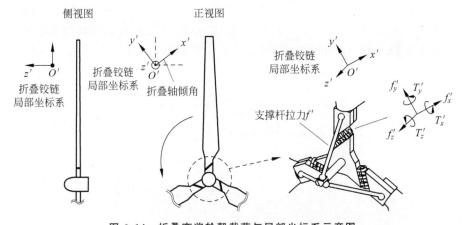

图 6.14 折叠变桨轮毂载荷与局部坐标系示意图

折叠铰链与支撑杆载荷随叶片相位角变化曲线分别如图 6.15 和
图 6.16 所示。从图 6.15 可以看出,折叠铰链载荷 f'_x 在叶片折叠后方向发
生了改变,且载荷随风速升高而增大,作用力 f'_y 具有相同的变化趋势。载
荷 f'_x 和 f'_y 的变化使得折叠铰链在叶片离心力方向上承受的载荷 f_y 逐渐
增大。由表 6.6 可知,在额定状态下,折叠铰链载荷 f_y 为对称周期性变化
的载荷,其平均值为 26.7N,最大值为 23 258.2N。当风速增大至 24m/s
时,由图 6.15 f'_x 和 f'_y 载荷数据计算可知,折叠铰链承受的载荷 f_y 的平均
值为 48 854.6N,最大值为 70 670.0N。该结果表明叶片折叠后,折叠铰链
承担了部分叶片离心力。由表 6.4 可知,额定状态叶片离心力为

216 148.1N,远高于折叠铰链承担的部分,因此支撑杆仍为叶片离心力的主要承载部件。从图 6.16 可以看出,支撑杆拉力随风速的升高而逐渐减小,其在叶片离心力方向上的分量也发生降低,因此折叠铰链承担了部分的叶片离心力。根据图 6.16 支撑杆拉力 f 和表 6.7 中支撑杆与驱动杆夹角 τ 的数据,在风速为 11.9m/s,13m/s,14m/s,15m/s,18m/s,21m/s 和 24m/s 情况下,驱动杆轴向压力 f_q 分别为 517 895.7N,444 459.4N,425 509.5N,415 587.9N,399 909.1N,399 933.0N 和 405 765.9N。在力矩方面,由于折叠铰链的力学特性,作用力矩 T_x 为 0。由于展向 0.67～2.82m 叶片段对风轮旋转力矩的影响极小,因此折叠铰链承受的旋转力矩 T_z 基本维持恒定,保证风轮的恒功率输出。参考图 5.8,叶片的折叠过程产生了方位角和风轮锥角的变化,叶片旋转力与支撑杆拉力对折叠铰链产生扭转力矩 T_y'。由于叶片方位角与风轮锥角随叶片折叠角单调递增,因此,折叠铰链承受的扭转力矩 T_y' 随着风速升高而增大。从上述分析可得,叶片折叠后,折叠铰链承担了部分叶片离心力,但支撑杆仍为叶片离心力的主要承载部件。恒功率输出阶段,折叠变桨轮毂仍发挥了降低折叠铰链载荷和改善载荷分布的作用。

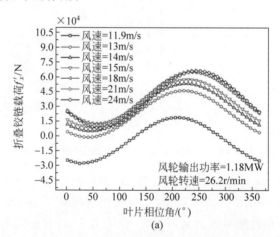

图 6.15　1MW 风轮恒功率输出阶段折叠铰链载荷变化图(前附彩图)

(a) 作用力 f_x'; (b) 作用力 f_y'; (c) 作用力 f_z'; (d) 作用力矩 T_x';

(e) 作用力矩 T_y'; (f) 作用力矩 T_z'

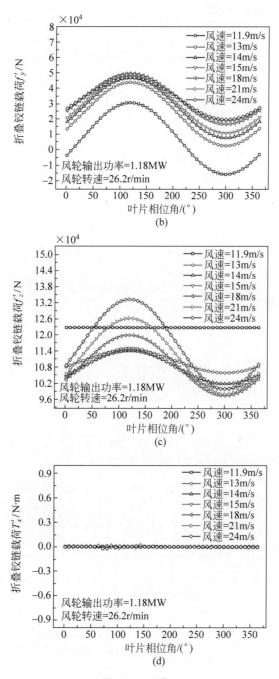

图 6.15 （续）

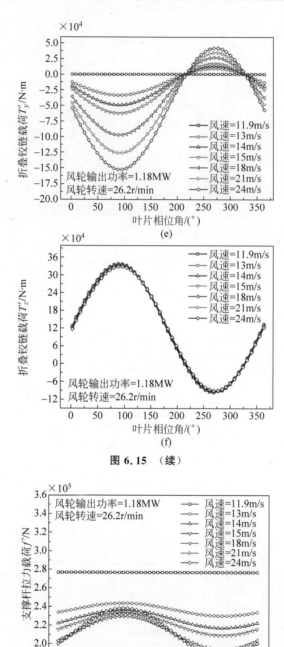

图 6.15 （续）

图 6.16　1MW 风轮恒功率输出阶段支撑杆拉力变化图(前附彩图)

参 考 文 献

[1] 罗承先. 世界风力发电现状与前景预测[J]. 中外能源,2012,17(3):24-31.

[2] GWEC. Global wind reportannual market update 2015[R]. Brussels:GWEC,2016.

[3] 赵振宙,郑源,高玉琴,等. 风力机原理与应用[M]. 北京:中国水利水电出版社,2011.

[4] 韩春福. 国内外风力发电发展浅析[J]. 沈阳工程学院学报:自然科学版,2008,4(4):298-300.

[5] ICHTER B,STEELE A,LOTH E. Structural design and analysis of a segmented ultralightmorphing rotor (SUMR) for extreme-scale wind turbines [C/OL]//AIAA. Proceedings of the 42nd AIAA Fluid Dynamics Conference and Exhibit. New Orleans: AIAA, 2012 [2013-04-15]. http://dx. doi. org/10. 2514/6. 2012-3270.

[6] 徐大平,柳亦兵,吕跃刚. 风力发电原理[M]. 北京:机械工业出版社,2011.

[7] LOTH E,STEELE A,ICHTER B,et al. Segmented ultralight pre-aligned rotor for extreme-scale wind turbines [C/OL]//AIAA. Proceedings of the 50th AIAA Aerospace Sciences Meeting Including the New Horizons Forum and Aerospace Exposition. Nashville: AIAA,2012[2014-11-03]. http://dx. doi. org/10. 2514/6. 2012-1290.

[8] STEELE A,ICHTER B,QIN C,et al. Aerodynamics of an ultralight load-aligned rotor for extreme-scale wind turbines[C/OL]//AIAA. Proceedings of the 51st AIAA Aerospace Sciences Meeting Including the New Horizons Forum and Aerospace Exposition. Grapevine: AIAA,2013[2015-05-22]. http://dx. doi. org/10. 2514/6. 2013-914.

[9] JOSELIN HERBERT G M,INIYAN S,SREEVALSAN E,et al. A review of wind energy technologies[J]. Renewable and sustainable energy reviews,2007,11(6):1117-1145.

[10] SCHORBACH V,HAINES R,DALHOFF P. Teeter end impacts:Analysis and classificationof most unfavourable events[J]. Wind energy,2016,19(6):115-131.

[11] WRIGHT A D,BIR G S,BUTTERFIELD C D. Guidelines for reducing dynamic loads in two-bladed teetering-hub downwind wind turbines:Technical report NREL/TP-442-7812[R]. Golden:NREL,1995.

[12] ANDERSON M B,GARRAD A D,HASSAN U. Teeter excursions of a two-bladed horizontal wind turbine rotor in a turbulent velocity field[J]. Journal of wind engineering and industrial aerodynamics,1984,17(1):71-88.

[13] EGGERS A J,ASHLEY H,ROCK S M,et al. Effects of blade bending on aerodynamic control of fluctuating loads on teetered HAWT rotors[J]. Journal of

solar energy engineering,1996,118(4): 239-245.

[14] CARSTENSEN T. Design and optimization of a pitch-teeter coupling and the free teeter angle for a two-bladed wind turbine to reduce operating loads [D]. Hamburg: Hamburg University of Applied Sciences,2015.

[15] LARSEN T J,MADSEN H A,THOMSEN K,et al. Reduction of teeter angle excursions for a two-bladed downwind rotor using cyclic pitch control[C/OL]// EWEA. Proceedings of European Wind Energy Conference 2007. Brussels: EWEA, 2007 [2013-06-23]. http://www. risoe. dk/rispubl/art/2007 _ 75 _ paper. pdf.

[16] SCHORBACH V, DALHOFF P. Two bladed wind turbines: Antiquated or supposed to be resurrected? [C/OL]//EWEA. Proceedings of European Wind Energy Conference 2012. Brussels: EWEA, 2012 [2014-03-21]. http://annual2012/allfiles2/1554_EWEA2012presentation. pdf.

[17] BURTON T,SHARPE D,JENKINS N,et al. Wind energy handbook[M]. 1st ed. New York: John Wiley & Sons,2001.

[18] LOBITZ D W,VEERS P S,EISLER G R,et al. The use of twist-coupled blades to enhance the performance of horizontal axis wind turbines: Technical report SAND2001-1303[R]. Albuquerque: Sandia National Laboratories,2001.

[19] KARAOLIS N M,JERONIMIDIS G,MUSSGROVE P J. Composite wind turbine blades: coupling effects and rotor aerodynamic performance [C]//EWEA. Proceedings of European Wind Energy Conference 1989. Brussels: EWEA,1989: 10-13.

[20] KARAOLIS N M, MUSSGROVE P J, JERONIMIDIS G. Active and passive aeroelastic power control using asymmetric fibre reinforced laminates for wind turbine blades[C]//British Wind Energy Association. Proceedings of the 10th British Wind Energy Conference. London: British Wind Energy Association, 1988: 163-172.

[21] MAHERI A,NOROOZI S,VINNEY J. Combined analytical/FEA-based coupled aero structure simulation of a wind turbine with bend-twist adaptive blades[J]. Renewable energy,2007,32(6): 916-930.

[22] CAPUZZI M,PIRRERA A,WEAVER P M. A novel adaptive blade concept for large-scale wind turbines. Part I: Aeroelastic behaviour[J]. Energy, 2014,73: 15-24.

[23] CAPUZZI M,PIRRERA A,WEAVER P M. A novel adaptive blade concept for large-scale wind turbines. Part II: Structural design and power performance[J]. Energy,2014,73: 25-32.

[24] 刘旺玉,龚佳兴,刘希凤,等. 基于弯扭耦合的自适应风力机叶片设计[J]. 太阳能学报,2011,32(7): 1014-1019.

[25] 赵俊山,李军向.叶片主梁弯扭耦合设计研究[J].玻璃钢/复合材料,2008(6): 48-52.

[26] RASMUSSEN F,PETERSEN J T,VØLUND P,et al. Soft rotor design for flexible turbines: Final report[R]. Roskilde: Risø National Laboratory,1998.

[27] JOHNSON S J,VAN DAM C P C,BERG D E. Active load control techniques for wind turbines: Technical report SAND2008-4809 [R]. Albuquerque: Sandia National Laboratories,2008.

[28] DAWSON M H. Variable length wind turbine blade: Technical report[R]. Boise: Energy unlimited,Inc. ,2005.

[29] GE Wind Energy,SCHRECK S. Advanced wind turbine program next generation turbine development project: Subcontract report NREL/SR-500-38752 [R]. Golden: NREL, 2006.

[30] MCCOY T J,GRIFFIN D A. Control of rotor geometry and aerodynamics: Retractable blades and advanced concepts[J]. Wind engineering,2008,32(1): 13-26.

[31] PASUPULATI S V,WALLACE J,DAWSON M. Variable length blades wind turbine[C]//IEEE. Proceedings of Power Engineering Society General Meeting 2005. San Francisco: IEEE,2005: 2097-2100.

[32] SHARMA R,MADAWALA U. The concept of a smart wind turbine system[J]. Renewable energy,2012,39(1): 403-410.

[33] IMRAAN M,SHARMA R N,FLAY R G J. Telescopic blade wind turbine to capture energy at low wind speeds[C]//ASME. Proceedings of ASME 2009 3rd International Conference on Energy Sustainability. San Francisco: ASME,2009: 935-942.

[34] 吴双群,赵丹平.风力机空气动力学[M].北京:北京大学出版社,2011.

[35] SHIMIZU Y,IMAMURA H,MATSUMURA S,et al. Power augmentation of a horizontal axis wind turbine using a Mie type tip vane: Velocity distribution around the tip of a HAWT blade with and without a Mie type tip vane[J]. Journal of solar energy engineering,1995,117(4): 297-303.

[36] SHIMIZU Y,YOSHIKAWA T,MATSUMURA S. Power augmentation effects of a horizontal-axis wind turbine with a tip vane-part 1: Turbine performance and tip vane configuration [J]. Journal of fluids engineering-transactions of the ASME,1994,116(2): 287-292.

[37] SHIMIZU Y,YOSHIKAWA T,MATSUMURA S. Power augmentation effects of a horizontal-axis wind turbine with a tip vane-part 2: Flow visualization[J]. Journal of fluids engineering-transactions of the ASME,1994,116(2): 293-297.

[38] GAUNAA M,JOHANSEN J. Determination of the maximum aerodynamic efficiency of wind turbine rotors with winglets [J/OL]. Journal of physics:

Conference series,2007,75[2014-05-21]. http://iopscience. iop. org/1742-6596/ 75/1/012006.

[39] LINSCOTT B S, DENNETT J T, GORDON L H. The Mod-2 wind turbine development project: Technical report NASA TM-82681[R]. Washington: US Department of Energy,1981.

[40] GRABAU P, FRIEDRICH M. Wind turbine and an associated control method: 13/456694[P]. 2012-08-09.

[41] FRIEDRICH M, VARMING REBSDORF A. Partial pitch wind turbine with floating foundation: 13195742. 5[P]. 2014-07-16.

[42] IEA. IEA annual report 2011[R]. Pairs: IEA,2011: 88.

[43] KIM T, LARSEN T J, YDE A. Investigation of potential extreme load reduction for a two-bladed upwind turbine with partial pitch[J]. Wind energy,2015,18(8): 1403-1419.

[44] KIM T, KALLESØE B S, FRIEDRICH M. Load reduction for a two-bladed upwind turbine with partial pitch [C]//EWEA. Proceedings of the EWEA Offshore Conference 2011. Brussels: EWEA,2011.

[45] KIM T, PETERSEN M M, LARSEN T J. A comparison study of the two-bladed partial pitch turbine during normal operation and an extreme gust conditions[J/ OL]. Journal of physics: Conference series, 2014, 524 [2015-02-11]. http:// iopscience. iop. org/1742-6596/524/1/012065.

[46] PRANDTL L, BETZ A. Vier abhandlungen zur hydrodynamik und aerodynamik [M]. Göttingen: Göttinger Nachr,1927.

[47] GLAUERT H. Airplane propellers[M]//DURAND W F. Aerodynamic theory. New York: Dover,1963: 169-360.

[48] DE VRIES O. Fluid dynamic aspects of wind energy conversion: technical report AG-243[R]. Amsterdam: National Aerospace Laboratory,1979: 1-50.

[49] WILSON R E, LISSAMAN P B S. Applied aerodynamics of wind power machines: Oregon State University technical report[R]. Corvallis: Oregon State University,1974.

[50] SHEN W, MIKKELSEN R, SØRENSEN J N, et al. Tip loss correction for wind turbine computations[J]. Wind energy,2005,8(4): 457-475.

[51] YANG H, SHEN W, XU H, et al. Prediction of the wind turbine performance by using BEM with airfoil data extracted from CFD[J]. Renewable energy,2014,70 (5): 107-115.

[52] IMRAAN M, SHARMA R N, FLAY R G J. Wind tunnel testing of a wind turbine with telescopic blades: The influence of blade extension[J]. Energy, 2013,53(5): 22-32.

[53] BRANLARD E, DIXON K, GAUNAA M. Vortex methods to answer the need for

improved understanding and modelling of tip-loss factors[J]. IET Renewable power generation,2013,7(4): 311-320.

[54] BRANLARD E,GAUNAA M. Development of new tip-loss corrections based on vortex theory and vortex methods[J/OL]. Journal of physics: Conference series, 2014,555 [2016-05-02]. http://iopscience. iop. org/1742-6596/555/1/012012.

[55] BRANLARD E. Wind turbine tip-loss corrections: Review, implementation and investigation of new models[D]. Roskilde: Technical University of Denmark,2011.

[56] DU Z, SELIG M S. A 3-d stall-delay model for horizontal axis wind turbine performance prediction[C]//AIAA. Proceedings of 1998 ASME Wind Energy Symposium. Reno: AIAA,1998: 9-19.

[57] 王强. 水平轴风力机三维空气动力学计算模型研究[D]. 北京: 中国科学院工程热物理研究所,2014.

[58] SNEL H,HOUWINK R,BOSSCHERS J,et al. Sectional prediction 3D effects for stalled flow on rotating blades and comparison with measurements [C]// European Community Wind Energy. Proceedings of the European Community Wind Energy Conference. Lübeck-Travemünde: European Community Wind Energy,1993: 395-399.

[59] CHAVIAROPOULOS P K, HANSEN M O L. Investigating three-dimensional and rotational effects on wind turbine blades by means of a quasi-3d navier-stokes solver[J]. Journal of fluids engineering-transactions of the ASME,2000,122(2): 330-336.

[60] BUHL M L. A new empirical relationship between thrust coefficient and induction factor for the turbulent windmill state: Technical report NREL/TP-500-36834[R]. Golden: NREL,2005.

[61] LANZAFAME R, MESSINA M. Fluid dynamics wind turbine design: Critical analysis, optimization and application of BEM theory[J]. Renewable energy, 2007,32(14): 2291-2305.

[62] TOJO B M,MARTA A C. Aero-Structural blade design of a high-power wind turbine[C/OL]//AIAA. Proceedings of the 54th AIAA Structures, Structural Dynamics and Materials Conference. Boston: AIAA,2013[2015-03-03]. http:// dx. doi. org/10. 2514/6. 2013-1531.

[63] SEDAGHAT A, ASSAD M E H, GAITH M. Aerodynamics performance of continuously variable speed horizontal axis wind turbine with optimal blades[J]. Energy,2014,77: 752-759.

[64] DUQUETTE M M, VISSER K D. Numerical implications of solidity and blade number on rotor performance of horizontal-axis wind turbines[J]. Journal of solar energy engineering 2003,125(4): 425-432.

[65] LANZAFAME R, MESSINA M. Power curve control in micro wind turbine

design[J]. Energy,2010,35(2): 556-561.

[66] LANZAFAME R,MESSINA M. Design and performance of a double-pitch wind turbine with non-twisted blades[J]. Renewable energy,2009,34(5): 1413-1420.

[67] LAMPINEN M J,KOTIAHO V W,ASSAD M E H. Application of axial fan theory to horizontal-axis wind turbine [J]. International journal of energy research,2006,30(13): 1093-1107.

[68] KISHINAMI K,TANIGUCHI H,SUZUKI J,et al. Theoretical and experimental study on the aerodynamic characteristics of a horizontal axis wind turbine[J]. Energy,2005,30(11): 2089-2100.

[69] ZHU W,SHEN W,SØRENSEN J N. Integrated airfoil and blade design method for large wind turbines[J]. Renewable energy,2014,70(5): 172-183.

[70] 沈坤荣.大型水平轴风力发电机组叶片空气动力学设计[D].上海：上海交通大学,2012.

[71] 王萌.风力机叶片的优化设计及气动特性分析[D].大连：大连交通大学,2013.

[72] 姚志岗.大型风力发电机叶片的设计研究[D].保定：华北电力大学,2008.

[73] 顾怡红.风力发电机叶片优化设计方法研究[D].杭州：浙江大学,2014.

[74] 刘颖,严军.基于叶素动量理论的水平轴风力机叶片设计方法[J].兰州理工大学学报,2014,40(6): 59-64.

[75] 曲佳佳.风力机叶片气动载荷的计算方法研究[D].北京：中国科学院工程热物理研究所,2014.

[76] 田德,蒋剑峰,邓英,等.基于动量叶素理论改进的叶片气动特性计算方法[J].风能,2013(11): 88-92.

[77] 陈广华.风力发电机组组合式叶片结构设计研究[D].北京：华北电力大学,2013.

[78] 樊炎星.1.0MW水平轴风力机叶片设计研究[D].重庆：重庆大学,2010.

[79] 贺德馨.风工程与工业空气动力学[M].北京：国防工业出版社,2006.

[80] 刘雄,陈严,叶枝全.水平轴风力机气动性能计算模型[J].太阳能学报,2005,26(6): 792-800.

[81] 李军向.大型风机叶片气动性能计算与结构设计研究[D].武汉：武汉理工大学,2008.

[82] SANT T. Improving BEM-based aerodynamic models in wind turbine design codes[D]. Msida：University of Malta,2007.

[83] 吴斌,董礼,廖明夫,等.水平轴风力机气动计算的叶素动量修正法[J].机械科学与技术,2011,30(12): 2124-2128；2011,30(12): 2134.

[84] BARLOW J B,RAE W H,POPE A. Low-speed wind tunnel testing[M]. 3rd ed. New York：John Wiley & Sons,1999.

[85] SICOT C,DEVINANT P,LOYER S,et al. Rotational and turbulence effects on a wind turbine. Investigation of the stall mechanisms [J]. Journal of wind

engineering and industrial aerodynamics,2008,96(8): 1320-1331.

[86] CHEN T Y, LIOU L R. Blockage corrections in wind tunnel tests of small horizontal-axis wind turbines[J]. Experimental thermal and fluid science,2011, 35(3): 565-569.

[87] GLAUERT H. Wind tunnel interference on wings,bodies and airscrews[M]. London: Aeronautical Research Council,1933.

[88] RYI J,RHEE W,HWANG U C,et al. Blockage effect correction for a scaled wind turbine rotor by using wind tunnel test data[J]. Renewable energy,2015,79(1): 227-235.

[89] BAHAJ A S, MOLLAND A F, CHAPLIN J R, et al. Power and trust measurements of marine current turbines under various hydrodynamic flow conditions in a cavitation tunnel and a towing tank[J]. Renewable energy,2007,32 (2): 407-426.

[90] FITZGERALD R E. Wind tunnel blockage corrections for propellers [D]. Maryland: University of Maryland,2007.

[91] BURDETT T A, VAN TREUREN K W. Scaling small-scale wind turbines for wind tunnel testing [C]//ASME. Proceedings of ASME Turbo Expo 2012: Turbine Technical Conference and Exposition. Copenhagen: ASME, 2012: 811-820.

[92] 张延迟,顾羽洁,解大,等. 小型风力发电机外特性测试平台的设计[J]. 实验室研究与探索,2011,30(3): 24-26.

[93] 解大,张延迟,顾羽洁,等. 小型风力发电机的外特性测试实验[J]. 电气电子教学学报,2011,33(1): 60-63.

[94] MONTEIRO J P,SILVESTRE M R,PIGGOTT H,et al. Wind tunnel testing of a horizontal axis wind turbine rotor and comparison with simulations from two blade element momentum codes[J]. Journal of wind engineering and industrial aerodynamics,2013,123(4): 99-106.

[95] HABALI S M, SALEH I A. Local design,testing and manufacturing of small mixed airfoil wind turbine blades of glass fiber reinforced plastics,part I: Design of the blade and root[J]. Energy conversion and management,2000,41(2): 249-280.

[96] JONKMAN J, BUTTERFIELD S, MUSIAL W, et al. Definition of a 5-MW reference wind turbine for offshore system development: Technical report NREL/TP-500-38060[R]. Golden: NREL,2009.

[97] AHMED S. Wind energy: theory and practice[M]. New Delhi: PHI Learning Pvt. Ltd. ,2011.

[98] MOFFAT R J. Contributions to the theory of single-sample uncertainty analysis [J]. Journal of fluids Engineering,1982,104(2): 250-258.

[99]　CHO T,KIM C. Wind tunnel test for the NREL phase VI rotor with 2m diameter [J]. Renewable energy,2014,65(5)：265-274.

[100]　DEVINANT P,LAVERNE T,HUREAU J. Experimental study of wind-turbine airfoil aerodynamics in high turbulence[J]. Journal of wind engineering and industrial aerodynamics,2002,90(6)：689-707.

[101]　TIMMER W A,SCHAFFARCZYK A P. The effect of roughness at high Reynolds numbers on the performance of aerofoil DU 97-W-300Mod[J]. Wind energy,2004,7(4)：295-307.

[102]　SINGH R K,RAFIUDDIN AHMED M,ZULLAH M A,et al. Design of a low Reynolds number airfoil for small horizontal axis wind turbines[J]. Renewable energy,2012,42(1)：66-76.

[103]　JONKMAN J M. Modeling of the UAE wind turbine for refinement of FAST_AD：Technical report NREL/TP-500-34755[R]. Golden：NREL,2003.

[104]　SHELDAHL R E,KLIMAS P C. Aerodynamic characteristics of seven symmetrical airfoil sections through 180-degree angle of attack for use in aerodynamic analysis of vertical axis wind turbines：Technical report SAND80-2114[R]. Albuquerque：Sandia National Laboratories,1981.

[105]　陆志良. 空气动力学[M]. 北京：北京航空航天大学出版社,2009.

[106]　KOOIJMAN H J T,LINDENBURG C,WINKELAAR D,et al. DOWEC 6MW pre-design：Aero-elastic modeling of the DOWEC 6MW pre-design in PHATAS：Dutch offshore wind energy converter public report[R]. Petten：Energy Research Center of the Netherlands,2003.